LES BALLONS

—

5e SÉRIE GRAND IN-8e

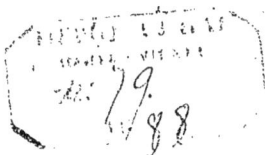

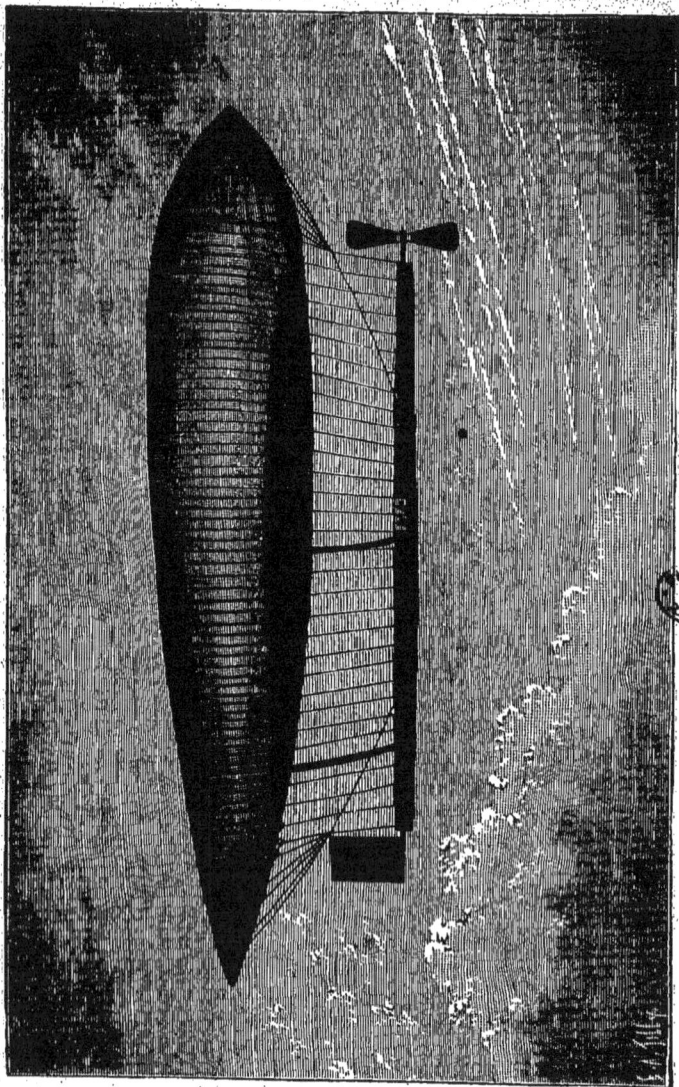

LES BALLONS. — L'Aérostat à hélice de MM. Renard et Krebs. (P. 114.)

LES
BALLONS

ET

L'AÉROSTATION FRANÇAISE

PAR

H. DE GRAFFIGNY

LIMOGES

EUGÈNE ARDANT ET Cⁱᵉ

ÉDITEURS

LES BALLONS

ET

L'AÉROSTATION FRANÇAISE

I

MONTGOLFIÈRE, PILATRE ET CHARLES.

Le 5 juin 1883, il y a eu cent ans que le premier ballon, le premier aérostat s'est élancé, comme un météore nouveau créé par l'homme, vers la voûte céleste.

Il est intéressant, avant de commencer cette série de récits de voyage, de revoir l'histoire de cette belle science et de rappeler ce que les ballons ont fait jusqu'à présent pour la science et pour la patrie.

C'est donc une revue de toutes les ascensions mémorables, de tous les voyages célèbres, comme des catastrophes et des accidents aérostatiques, qui va suivre ce court préambule.

C'est le 5 juin 1783 : la population de la ville et les membres de l'assemblée provinciale regardent avec incrédulité, et sans rien comprendre à l'expérience promise, le grand sac de toile doublée de papier qui gît, flasque et vide, dans l'avant-cour du couvent des Cordeliers. La famille Montgolfier elle-même ne peut oublier que Joseph, maintenant arrivé à l'âge de la maturité, — né en 1740, il a quarante trois ans, — lui a déjà, dans son enfance et sa jeunesse, causé bien des tracas par son caractère indisciplinable.

Placé au collège, comme tout le monde, il n'en a pu supporter la tutelle et s'est enfui ; forcé d'y revenir, il s'en est échappé encore et s'est réfugié dans un misérable taudis à Saint-Etienne ; pour y vivre, il a colporté dans les villages environnants du bleu à teinter le linge, qu'il fabriquait lui-même, grâce à ses connaissances scientifiques ; et, à force de privations et de volonté, il est parvenu, avec des moyens d'existence aussi précaires, à amasser l'argent nécessaire pour se rendre à Paris. Après un certain séjour dans cette ville, son père l'a rappelé à Annonay pour le faire

participer, avec son frère Etienne, aux travaux
de la papeterie.

Quoique plus jeune de cinq ans (il était né
en 1745), Etienne avait une prudence et une
habitude du monde qui ont pondéré les facultés

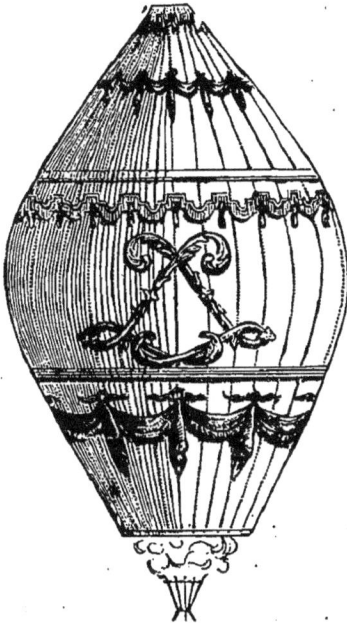

Premier ballon des frères Montgolfier.

d'invention hors ligne, mais trop effervescen-
tes, de Joseph.

Pendant que chacun doute, les deux frères
sont tranquilles, et ils ont de bonnes raisons
pour cela. Ils se rappellent qu'au mois de
novembre précédent. 1782, Joseph avait pour

la première fois réalisé la pensée de renfermer
de l'air chaud dans une enveloppe légère et
avait vu le petit ballon de taffetas, de moins de
2 mètres cubes, qu'il avait construit, s'élever
dans sa chambre jusqu'au plafond ; puis que,
ayant répété tous deux la même expérience en
plein air, le ballon, chauffé intérieurement et
ainsi gonflé, a dépassé le toit s'élevant à 70
pieds. Ils savent que, ayant alors construit un
ballon de plus de 20 mètres cubes, celui-ci, dès
qu'il a été plein d'air chaud, s'est élevé avec
assez de force pour rompre ses liens, bondir à
près de 300 mètres et aller retomber sur les
coteaux des environs. Enfin la sécurité de
Joseph et d'Etienne Montgolfier est d'autant
plus grande que le vaste sac de 750 mètres
cubes de capacité, qui gît maintenant devant
les notabilités de la ville, a déjà été rempli
deux fois d'air chaud, le 3 et le 25 avril, et
que, cette dernière fois, le ballon à feu s'est
échappé et s'est élevé à 400 mètres pour redescendre, dix minutes plus tard, à un quart de
lieue de l'endroit où on l'avait gonflé.

Alors le feu est allumé ; la paille flambe, l'air
chaud pénètre dans le globe qui se gonfle et se

tend... Les aides, suspendus aux cordelles de manœuvre, se sentent soulevés de terre...

— Lâchez tout! commande Etienne Montgolfier.

Les cordes sont coupées, et, au milieu des cris d'enthousiasme de l'immense foule accourue, le ballon s'élance comme une hirondelle dans la nue; le nuage humain rejoint ses frères les nuages célestes; nouveau voyageur aérien, il parcourt ces plages lumineuses, puis il s'abaisse, redescend et revient dans notre séjour nférieur.

Enfin!... le boulet de la pesanteur qui nous rattachait à la terre était rompu; le chemin des airs nous était ouvert, les Titans avaient vaincu Jupiter !

Quand Paris connut l'expérience des Montgolfier, une souscription fut ouverte et en quelques jours terminée. On voulait recommencer ce que les deux frères avaient accompli à Annonay.

Ce fut le professeur de physique Charles qui fut choisi pour rééditer cette expérience.

Charles ignorait le détail des procédés des Montgolfier; mais, sachant qu'il fallait remplir

un sac d'étoffe imperméable avec un gaz plus
léger que l'air, il pensa à l'hydrogène, que
l'Irlandais Robert Boyle avait obtenu, vers
1650, et qu'un grand seigneur anglais, trente
fois millionnaire, Cavendish, avait étudié
en 1766.

Le grand jour est arrivé; pendant la nuit on
transporte l'aérostat au Champ-de-Mars, à la
lueur des torches, et le cortége présente un si
étrange aspect, que les cochers rencontrés par
cette procession nocturne se découvrent devant
cette sphère ailée, comme devant l'ostensoir,
rendant ainsi un instinctif hommage au génie
d'invention, — émanation directe de la Divi-
nité. Le soir même, 27 août 1783, à cinq heures, « trois cent mille personnes » sont réunies
au Champ-de-Mars! Comme à Annonay, la pluie
tombe; mais dames élégantes et seigneurs aux
habits éclatants n'y prennent garde.

Enfin, l'aérostat à gaz s'envole et il disparaît
dans un nuage pour aller retomber deux heures après à Gonesse. Le ballon à gaz était inventé et, du premier coup, il prouvait sa supé-
riorité sur son prédécesseur, le ballon à air
chaud.

Etienne Montgolfier était arrivé à Paris et avait construit un de ses magnifiques ballons à feu qui, dès ce moment, prirent le nom de « montgolfières, » pour les distinguer des aérostats ou ballons à gaz. Le ballon, contenant 1,500 mètres cubes, fut gonflé deux fois, les 11 et 12 septembre ; mais la pluie et le vent l'ayant détruit avant qu'il eût quitté le sol, une autre grande montgolfière, d'une capacité de près de 1,300 mètres cubes, fut construite en cinq jours. Le 19 septembre, elle s'élevait de Versailles en présence de Louis XVI, de toute la cour et d'une multitude accourue pour jouir de ce spectacle sans rival. Pour la première fois, des voyageurs aériens furent confiés à cette machine ; c'étaient un mouton, un coq et plusieurs poules.

Devant ces succès réitérés (la montgolfière de Versailles étant descendue sans encombre dans le bois de Vaucresson), Montgolfier se mit à construire un aérostat de 1,600 mètres cubes qui fut essayé plusieurs fois de suite dans les jardins de Réveillon, au faubourg Saint-Antoine. Le 15 octobre, deux hommes furent élevés dans les airs par cette machine retenue captive. Pilâtre de Rozier et Giroud de Villette étaient ces deux voyageurs.

Pilâtre de Rozier qui avait eu, avant tout autre, la pensée de confier aux ballons des voyageurs, voulut alors tenter une ascension libre et tint à honneur d'inaugurer les routes du ciel. Louis XVI, sollicité, céda et accorda l'autorisation demandée, et le départ eut lieu le 21 novembre 1783, de la pelouse de la Muette. La montgolfière, qui portait Pilâtre de Rozier et le marquis d'Arlandes, traversa tout Paris et vint se reposer, oiseau qui replie l'aile, à la Butte-aux-Cailles, près des moulins qui y existaient à cette époque.

Après l'héroïsme de Pilâtre, qui brave le péril, Charles va nous donner l'exemple de la prudence scientifique qui le prévoit et l'écarte.

La montgolfière présentait un grand danger d'incendie, aussi bien pour les aéronautes qu'elle emporte que pour les campagnes au-dessus desquelles elle passe; elle rendait les observations scientifiques très difficiles, par suite du travail incessant qu'elle exigeait pour l'alimentation du fourneau. Charles imagine le ballon actuel, avec tout ce qui le constitue : le

Le premier voyage aérien de Pilatre de Rozier.
(P. 12.)

let qui enveloppe l'aérostat et auquel on sus-
pend la nacelle par l'intermédiaire d'un cercle
de bois; le lest que l'on jette pour alléger le
ballon et monter; la soupape que l'on ouvre
pour laisser échapper du gaz et descendre;
l'ancre pour arrêter le ballon à la descente;
l'usage du baromètre, qui permet à l'aéronaute
de calculer la hauteur à laquelle il se trouve.

Il fait construire par les frères Robert un
aérostat en soie vernie au caoutchouc, de
8ᵐ50 de diamètre et de 300 mètres cubes de
capacité, qui, rempli d'hydrogène, emportera
deux voyageurs, comme l'énorme montgolfière de 2,000 mètres dont s'est servi Pilâtre.
Il y eut de grandes difficultés : une lumière
ayant été approchée d'un des tonneaux où l'on
produisait le gaz, la barrique éclata comme
une bombe. Mais tout fut oublié quand, le
1ᵉʳ décembre 1783, le soleil levant dora, au
milieu du jardin des Tuileries, le dôme mobile
du ballon déja gonflé. Une foule immense,
évaluée au minimum à quatre cent mille personnes, c'est-à-dire aux deux tiers de la population de Paris à cette époque, s'accumula sur
tous les points d'où l'aérostat était visible.

Etienne Montgolfier était un des spectateurs. Charles le pria de couper la corde d'attache d'un ballon d'essai de 2 mètres de diamètre, en lui disant :

— C'est à vous, Monsieur, qu'il appartient de nous ouvrir la route des cieux.

Un instant après, Charles et Robert jeune prenaient place dans la nacelle, et le vaisseau merveilleux s'envolait aux yeux de toute une nation transportée d'une sorte de délire.

Devant ce spectacle inouï, paradoxal, d'hommes volant comme les oiseaux, toutes les incrédulités furent brisées, et la maréchale de Villeroi, octogénaire, tomba à genoux en s'écriant :

— C'est décidé, maintenant on trouvera le secret de ne plus mourir... quand je serai morte !

Le ballon toucha terre à 9 lieues, près de Nesles ; Robert descendit et Charles repartit seul. Le soleil venait de se coucher ; il le vit à nouveau surgir de l'horizon et, — le premier entre tous les hommes, — se coucher une seconde fois dans la même journée. Il s'éleva à 3,300 mètres plus haut que l'on n'était jamais

Robert descendit, et Charles repartit seul.   (P. 14.)

monté en Europe, le mont Blanc n'ayant été
escaladé que trois ans plus tard.

Dès la fin de cette mémorable année 1783, le
charpentier Wilcox s'enlevait, à Philadelphie,
dans la toute jeune république américaine,
avant que l'on eût pensé dans l'ancienne mère
patrie, l'Angleterre, à tenter une ascension.

II

LE « FLESSELLES. » — TRAVERSÉE DE LA MANCHE.

MORT DE PILATRE.

Dès lors, l'essor était donné et il ne devait
plus se ralentir. De tous côtés, les voyages
aériens se multipliaient. Le 19 janvier 1784,
les Lyonnais voyaient s'élever la plus monstrueuse montgolfière qu'on ait jamais construite, (avant pourtant le ballon Giffard à
vapeur 1878).

Cette immense montgolfière, grande comme
notre Halle aux blés . avait 35 mètres de
diamètre et 24,700 mètres cubes de capacité.

Elle eut pour capitaine l'inventeur même des aérostats', Joseph Montgolfier; devant un pareil chef, le grand Pilâtre de Rozier n'aspira point à un autre honneur que celui d'être son passager; à côté de ces gloires de la France prirent place ceux qui étaient la fleur de sa noblesse : le prince de Ligne, le comte de Laurencin, le comte de Dampierre, le comte de Laporte d'Anglefort; puis, entre tous ces hommes à l'antique blason, le négociant Fontaine... Le vent de la Révolution soufflait déjà.

Le 26 mai, Etienne Montgolfier fut à son tour le capitaine d'une montgolfière captive qui enleva, dans le jardin de Réveillon à Paris, six autres personnes, au nombre desquelles, pour la première fois, figurent des dames : la marquise et la comtesse de Montalembert, la comtesse de Podenas et Mlle de Lagarde

Quelques jours plus tard, le 25 juin, deux savants, Pilâtre et le chimiste Proust, firent le plus long voyage et la plus haute ascension qui aient été accomplis avec une montgolfière; ils montèrent à 4,000 mètres et parcoururent la

distance de 13 lieues qui sépare Versailles de
Chantilly.

L'ascension de la gigantesque montgolfière
lyonnaise *le Flesselles* ne satisfit pas tout le
monde; on fit courir à ce sujet le quatrain
assez satirique que voici :

> Vous venez de Lyon, parlez-nous sans mystère :
> Le globe est-il parti? Le fait est-il certain ?
> — Je l'ai vu ! — Dites-nous, allait-il bien grand train ?
> — S'il allait !... O Monsieur, il allait ventre à terre !

L'année 1785 fut inaugurée par un voyage
resté justement célèbre dans les fastes de
l'aérostation : la traversée en ballon du bras
de mer qui sépare Douvres de Calais.

Cette traversée fut exécutée par un aéronaute justement célèbre alors : Blanchard,
accompagné du docteur anglais Jeffries.

Voici le récit de cette ascension célèbre :

Le matin du 7 janvier, le ciel est clair, le
vent est bon, on veut quitter la falaise de Douvres; mais le ballon gonflé refuse de s'élever,
il est trop lourd; on partira quand même : on
jette du lest, on en jette encore; enfin ! on s'envole. Jeffries et Blanchard sont au-dessus de la
mer; la vue de l'Angleterre est splendide, mais

bientôt le ballon s'abaisse ;... la mer est proche, la France est loin ; l'atteindra-t-on jamais?... On sacrifie le reste du sable servant de lest, mais, sous les matelots d'Eole, la mer est toujours là ; le ballon s'en rapproche et l'on entend le flot qui gronde et menace ceux qui le défient. On jette les livres : le ballon avance, mais il baisse ; on jette les provisions... encore une étape de franchie, puis il baisse ; on jette les vêtements... la terre de France, la belle France apparaît. Mais pourra-t-on y aborder? Hélas ! le vaisseau aérien ne sera bientôt plus qu'une épave marine; Jeffries arrache son pavillon national et le jette ;... le drapeau blanc fleurdelisé flotte, seul désormais, dans l'immensité.

— Si je puis vous sauver en me précipitant, je suis prêt, dit l'étranger stoïque.

— Nous nous sauverons, ou nous mourrons ensemble, répond Blanchard ; attachez-vous aux cordages, comme je le fais moi-même, je vais couper la nacelle sous nos pieds.

— C'est inutile! le vent s'élève, il soutient l'aérostat, il fait remonter ; voici la terre, voici la belle France ! le danger est passé!

L'enthousiasme des Calaisiens est à la hauteur de l'exploit. La municipalité envoie aux aéronautes un carrosse à six chevaux. Les voyageurs n'arrivent en ville qu'à deux heures du matin : il n'importe, toute la population est sur pied et les acclame. Au point du jour, le drapeau de France — que Blanchard a gardé déployé au-dessus de la mer, prête à l'engloutir — flotte devant sa fenêtre; les monuments sont pavoisés, le canon est tiré par salves et toutes les cloches de la ville sonnent en volée. Blanchard reçoit dans un banquet le titre de « citoyen de Calais; » enfin la ville et le roi lui accordent chacun une pension viagère...

Avant même que Blanchard eût songé à venir en ballon d'Angleterre sur le continent, Pilâtre de Rozier avait conçu le projet de passer, par la voie des airs, de France en Angleterre. — C'est là une entreprise difficile, par suite de la direction ordinaire des vents et de l'étroitesse *relative* de l'île d'Albion; à l'heure qu'il est, cent ans après la découverte des ballons, elle n'a encore été accomplie que deux fois.

Pendant plusieurs mois, Pilâtre resta à Bou-

logne, attendant le vent favorable pour tenter
la traversée en compagnie de son associé Ro-
main, dans son appareil de montgolfière et
aérostat à gaz combinés. Pendant cette longue
attente, le matériel s'usa, et, lorsque le départ
s'effectua, une catastrophe était inévitable.

Ce fut le 15 juillet 1785 qu'eut lieu le départ :
l'*Aéro-Montgolfière* s'élève lentement et d'une
manière imposante ; les aéronautes saluent,
une foule considérable leur répond par des
cris de joie ; ils s'avancent successivement,
bientôt ils se trouvent sur la mer. Alors chacun, les yeux sur le fragile aérostat, l'observait avec crainte. Ils étaient environ à cinq
quarts de lieue en avant, au-dessus du détroit ;
leur élévation avait considérablement aug-
menté ; l'on estime qu'ils étaient à 700 pieds
ou environ, lorsqu'un vent d'ouest les ramène
sur la terre ; déjà depuis vingt-sept minutes ils
étaient dans les airs ; on crut s'apercevoir de
quelques mouvements d'alarme de la part des
voyageurs ; on fixe, on croit voir qu'ils abais-
sent précipitament le réchaud ; une flamme
violette paraît au haut de l'aérostat, l'enveloppe du globe se replie sur la montgolfière, et

les malheureux voyageurs sont précipités des
nues et tombent sur la terre, presqu'en face la
tour de Croy, à cinq quarts de lieue de Bou-
logne et à trois cents pas des bords de la mer.
On court, on vole; l'infortuné de Rozier fut
trouvé dans la galerie, le corps fracassé et les
os brisés de toutes parts. Son compagnon res-
pirait encore, mais il ne put proférer un seul
mot, et quelques minutes après il expira.

Non loin de Wimille, tout au bord de la mer,
sur la dune de Wimereux, une grêle aiguille de
pierre marque pour la postérité le lieu même
où « le plus grand des aéronautes trouva la
plus glorieuse des morts. » Par un beau jour,
le matin, au soleil levant, le petit et svelte
obélisque se détache comme une ligne blan-
che; à midi il flotte, pâle et indistinct, au sein
de l'aveuglante lumière que réfléchit le sable;
le soir il se profile en noir sur l'or du couchant.

Ce monument rappelle la fin du premier
aéronaute français, Jean Pilâtre de Rozier.

III

NÉCROLOGIE. — LES GRANDS VOYAGES
SCIENTIFIQUES.

C'est vers l'époque où cette première catastrophe aérostatique se produisit que le parachute fut inventé et essayé.

L'idée du parachute, c'est-à-dire d'une sorte
de grand parapluie qui, en s'appuyant sur
l'air, retarde la descente de ceux qui s'y sus-
pendent, est fort ancienne : on la trouve dans
un livre publié en 1617. Le premier qui expé-
rimenta scientifiquement cet engin fut Lenor-
mand, à Montpellier, dans la mémorable année
1783, en se laissant aller du haut d'une tour.
En 1787, à Strasbourg, Blanchard répéta le
même essai, mais sur son chien qu'il jeta d'une
hauteur de 2,000 mètres ; pendant la descente,
le ballon s'étant rapproché du parachute, le
pauvre chien reconnut son maître et témoigna
sa joie par ses aboiements ; un instant après,

homme et bête étaient sains et saufs sur la
terre ferme. Enfin, le 22 octobre 1797, à
Paris, Jacques Garnerin, qui déjà avait tenté
de s'évader avec un parachute d'une forteresse
où il était retenu comme prisonnier de guerre,

Parachute.

renouvelle l'expérience sur lui-même : à 1,000
mètres d'élévation, il éventre son ballon et
coupe les cordages qui l'y rattachent. Le
ballon vidé tombe sur le sol, la foule profère
un immense cri de terreur, les yeux se mouil-
lent, les femmes s'évanouissent; mais le para-

chute se déploie et Garnerin lui-même, en arrivant à terre, vient rassurer les spectateurs.

Malheureusement, on ne se servit pas souvent du parachute dans les ascensions libres, et la descente au moyen de cet appareil est restée un tour de force que l'on n'accomplit que rarement et dans les fêtes seulement.

Les ascensions se multipliant, les accidents commencèrent à devenir plus nombreux.

C'est Mme Blanchard, la femme du célèbre aéronaute, qui ouvre la série funèbre. Le 6 juillet 1819, elle s'élève du jardin de Tivoli, dans une apothéose de feux de Bengale ; par une fausse manœuvre, elle met le feu au gaz du ballon en voulant allumer un artifice attaché sous la nacelle ; l'aérostat s'enflamme et descend sur une maison de la rue de Provence. Un crampon de fer accroche la nacelle qui se retourne ; Mme Blanchard est précipitée à terre, et on la relève morte.

La même année, Sadler, aéronaute anglais, se tuait à Bristol en heurtant, à la descente, une haute cheminée d'usine.

Plus tard, en Angleterre encore, une nou-

LES BALLONS.

Une descente en parachute.   (P. 24.)

velle catastrophe se produisait et Harris,
officier de marine, y laissait la vie.

A cette époque, Harris était sur le point de
se marier; sa fiancée le supplia de la laisser
l'accompagner. Le ciel était clair, le temps
calme, il y consentit. Le ballon, tout neuf,
s'envole, par une brise propice, du Wauxhall
de Londres. La belle ascension! On flotte longtemps dans les hautes plaines éthérées. La
jeune fille admire, émerveillée, ce spectacle si
nouveau pour elle; le jeune homme est tout
heureux de cette naïve admiration. Puisqu'elle
trouve cela si beau, quand elle sera sa femme,
il l'emmènera à chaque voyage; mais il y a là-
bas, sur la terre, des vieux qui attendent et
s'inquiètent peut-être; il faut aller les rassurer.

Harris ouvre la soupape... Elle ne se re-
ferme pas!... Le ballon perd son gaz comme
un blessé son sang par les artères ouvertes;
l'ancien marin fait un effort désespéré pour la
refermer; c'est en vain, il ne peut réussir! Le
gaz s'enfuit; le ballon se vide. Harris jette le
lest, jette ses vêtements; c'est en vain, la descente continue, rapide... ils sont perdus!...

Il est impossible d'avoir, du haut de la nacelle d'un aérostat, sondé du regard les profondeurs atmosphériques, — comme l'a fait celui qui redit cette histoire, — sans être parcouru par un frisson d'horreur à la pensée d'une chute dans cette immensité. Vous jetez un objet quelconque, il tombe : vous le regardez descendre et, quand vous le croyez arrivé à terre, il continue de tomber ; cela dure très longtemps ; on dirait qu'il vole ; non, il tombe, il diminue de grosseur, il n'est plus qu'un point, il disparaît dans le lointain en continuant de tomber...

Le ballon de Harris descend bien vite ; mais, quoique dégonflé, il fait parachute ; s'il ne portait qu'un seul voyageur, le salut de celui-ci serait presque assuré. Harris se penche vers sa fiancée, il appuie ses lèvres sur son front, sans rien dire, et s'élance dans le vide. « Elle le vit, a-t-elle dit plus tard, tomber en tournoyant, comme l'oiseau frappé par le plomb du chasseur, » et elle s'évanouit.

Délesté de ce lest vivant, le ballon la déposa doucement dans une prairie tout en fleur.

En 1802, c'était Olivari dont la montgolfière

s'enflammait à 500 mètres de hauteur et qui
périssait d'une mort horrible ; en 1812, c'était
le tour de Zambeccari ; enfin il semblait que,
depuis quelques années, mettre le pied dans la
nacelle d'un aérostat, c'était courir infaillible-
ment à une mort certaine.

A dater de ce moment, les ascensions se
multiplièrent ; aussi, avant de parler des appli-
cations scientifiques et patriotiques de l'invention nouvelle, je n'en citerai plus que quelques-
unes. Le 6 mai 1784, Xavier de Maistre s'était
élevé à Chambéry. Le premier voyage de nuit
fut exécuté le 18 juin 1786, à Paris, par Testu-
Brissy. Tourmenté par les vents contraires, il
resta près de douze heures en l'air sans faire
plus de 25 lieues ; il eut le courage de plonger
au sein d'un orage violent ; depuis, personne
n'avait osé renouveler cette témérité, quand,
en 1875, un aéronaute bien connu, M. Eugène
Godard, s'est trouvé aussi enveloppé involon-
tairement par les nuées fulminantes, sans
qu'il lui en soit résulté plus de mal qu'à Testu-
Brissy.

D'une audace peu commune, c'est celui-ci
également qui fit, avant tous les autres, une
ascension à cheval, le 24 octobre 1798.

Nous arrivons à l'époque où l'art militaire, comprenant enfin l'indéniable utilité des aéros-tats, les appliqua à la défense de la patrie, et c'est à Maubeuge que les compagnies d'aéros-tiers de la République firent leur première campagne, sous le commandement de Coutelle et de Conté.

Quand les soldats ennemis virent s'élever la sphère volante où ils sentaient la présence d'un œil qui plongeait jusqu'au fond de leur camp et — ainsi que celui de Dieu — décou-vrait tous leurs secrets, quelques-uns, tombant à genoux, se mirent en prière comme à la vue d'un miracle, — et c'en était un, en effet.

L'année suivante, la roue de la fortune avait tourné : le ballon avait contribué à la victoire de Fleurus ; ce n'étaient plus les Autrichiens qui attaquaient les Français retranchés à Mau-beuge, c'étaient les Français qui assiégeaient les Autrichiens bloqués dans Mayence.

Quotidiennement, Coutelle s'élevait pour juger des ressources des assiégés.

Un jour, le vent était si violent que le ballon oscillait comme un énorme pendule retourné, parfois se couchant à terre, bondissant l'instant d'après à 400 mètres, soulevant et traînant les soixante-quatre soldats aérostiers qui le maintenaient. La nacelle est à demi brisée, et Coutelle risque d'un instant à l'autre d'être écrasé contre le sol, quand un parlementaire arrive de Mayence :

— Général, dit-il au chef des troupes françaises, la bourrasque va faire périr le brave officier qui monte l'aérostat; il ne faut pas qu'il soit victime d'un accident étranger à la guerre : je lui apporte, de la part du commandant de Mayence, l'autorisation d'entrer dans nos lignes, pour examiner en toute liberté nos fortifications.

— Lâchez tout ! crie pour toute réponse à ses aérostiers l'intrépide Coutelle, qui s'élance, libre et fier, à 1,000 mètres dans les airs !

N'est-ce pas superbe?...

Ce n'est pas en France seulement que ces mâles exemples de courage savant ont été donnés : pendant la grande guerre civile aux États-Unis, une fois, l'aéronaute La Mountain, en septembre 1861, étudiait en ballon captif les positions des esclavagistes; ne pouvant embrasser du regard un espace suffisant, il coupa la corde, plana à 1,500 mètres au-dessus du camp ennemi ; puis, s'élevant encore, alla chercher un contre-courant qui le ramena parmi ceux de son parti. Dans cette guerre, les Américains, décidés à abolir l'esclavage, firent un grand usage des ballons captifs combinés avec l'emploi des photographies panoramiques prises de la nacelle et d'un télégraphe électrique la mettant en communication avec le quartier général (où se tient le chef de l'armée), et ces moyens nouveaux ne furent pas étrangers au triomphe des abolitionnistes.

On a si bien compris aujourd'hui l'importance des reconnaissances militaires en aérostat qu'on s'y exerce même en temps de paix, et c'est en faisant une ascension de cette espèce que, le 8 décembre 1873, à Montreuil-aux-Pêches, trois officiers français, le colonel Laussedat, le commandant Mangin et le capitaine Renard, furent sérieusement blessés au service de la patrie, leur soupape s'étant entr'ouverte et les ayant précipités à terre avec le célèbre aéronaute Eugène Godard, qui eut le genou brisé, M. Albert Tissandier et trois autres voyageurs qui s'en tirèrent sains et saufs ou avec des contusions.

La science pure et sereine n'abandonna pas non plus les ballons; de hardis savants, ayant compris ce que devait donner l'aérostation et combien elle pouvait être utile pour l'étude de la météorologie dans son élément même, firent des ascensions à jamais célèbres dans les fastes de l'aéronautique scientifique.

Le premier qui ait fait des observations scientifiques est Charles, dans son ascension fameuse dont j'ai parlé. Blanchard est monté à de grandes hauteurs et, avant tout autre, a éprouvé le refroidissement, la difficulté de respirer et la somnolence qui vous étreignent dans les hautes régions. Mais le premier qui ait dépassé l'altitude atteinte jusqu'à aujourd'hui par l'homme sur le flanc des montagnes est le Liégeois Robertson. Il s'éleva de Hambourg, avec le Français Lhoëst, le 18 juillet 1803, et ils atteignirent l'altitude de 6,800 mètres.

Robertson et Lhoëst ressentirent les redoutables effets de la raréfaction de l'air; à peine pouvaient-ils se défendre contre un sommeil avant-coureur de la mort; indifférents à tout, ils n'étaient pas plus aiguillonnés par la gloire et la passion des découvertes que par le sentiment d'un réel péril. A ces hauteurs, la volonté est éteinte, l'entendement est obscurci et les mouvements sont paralysés. Au moment où le ballon descendit en Hanovre, les villageois, terrifiés, s'enfermèrent dans leurs chaumières, abandonnant leurs troupeaux, — leur fortune, — à l'appétit du monstre céleste.

L'attention des académies savantes fut vivement excitée par ce voyage scientifique, exécuté par un simple particulier. L'année suivante, un physicien russe, Saccharoff, renouvela ces expériences aérostatiques à Saint-Pétersbourg avec Robertson, en même temps qu'elles étaient répétées à Paris, sous les auspices de l'Institut, par deux jeunes et ardents professeurs, Biot et Gay-Lussac. Leur petit ballon, chargé du poids de deux voyageurs, n'ayant pu s'élever au-dessus de 4,000 mètres, Gay-Lussac, pour dépasser ce niveau, fit seul une nouvelle ascension.

Il partit du Conservatoire des arts et métiers, le 16 septembre 1804, et atteignit l'altitude de 7,016 mètres. Voulant monter aussi haut que possible, il se délesta de tout ce qu'il put, et, finalement, jeta par-dessus bord sa chaise de bois blanc. Elle tomba dans un buisson, auprès d'une petite bergère normande qui, tout ahurie, regarda en l'air; mais le ballon était invisible dans le ciel bleu, tant il était loin de la terre. Décidément, il fallait se rendre à l'évidence et croire au miracle : la chaise venait du paradis et, quoiqu'un peu fruste, devait être celle de la bonne Vierge. On allait déposer le siége dans l'église quand un journal, arrivant par hasard dans ce hameau perdu, apprit la vérité au curé.

Au moment où le courage militaire était seul en honneur, notre illustre chimiste Gay-Lussac donnait donc le fortifiant exemple du courage civil : être brave devant une armée, c'est beau ; mais être brave tout seul, perdu dans l'espace et dans l'immensité, c'est cent fois plus beau et plus méritoire.

En 1850, MM. Barral et Bixio firent aussi deux ascensions scientifiques de grande hauteur. Au cours de l'une, ils faillirent être asphyxiés par le gaz du ballon et ils tombèrent de 6,500 mètres dans les vignes, mais sans se faire aucun mal.

Les Anglais, qui s'étaient tenus à l'écart depuis le grand voyage de Green et de Monk-Mason, de Douvres jusqu'au duché de Nassau, rattrapèrent bientôt le temps perdu.

En 1852, Welsh fait avec Green quatre ascensions dans lesquelles il ne peut encore toucher à l'altitude où Gay-Lussac était monté ; mais, bientôt, Green accomplit avec M. Rush trois autres voyages où l'on parvient à une extrême élévation ; à la fin de l'un d'eux, on tomba dans la mer, près de la côte, heureusement. Enfin, en 1862, l'Association britannique délègue un de ses membres, James Glaisher, météorologiste de l'observatoire de Greenwich, pour faire en compagnie de l'habile aéronaute Coxwell, une longue série d'ascensions scientifiques. Coup sur coup, dans l'intervalle de moins d'un an, ils dépassent six fois la hauteur de 7 kilomètres. Dès leur premier début, le 17 juillet 1862, laissant loin au-dessous d'eux leurs devanciers, ils s'élèvent à 2 lieues au-dessus de la surface terrestre. Le 5 septembre 1862, en partant de Wolverhampton, ils atteignent la plus grande élévation où jamais encore l'homme soit parvenu.

Ils montent : 2,500 mètres, tous les nuages sont traversés ; là-haut le ciel est bleu ; les hirondelles les abandonnent, elles ne peuvent aller plus haut. Ils montent : 5,500 mètres, ils ont laissé le mont Blanc au-dessous d'eux ; ils sont au niveau du vol de l'aigle. Ils montent : 6,500 mètres, c'est ici la limite du vol du condor, le plus puissant voilier de la nature ; au-dessus, l'air n'est plus qu'un désert immense où plongent quelques cimes inviolées et où l'homme se hasarde de loin en loin, au péril de la vie. Les oiseaux qu'ils ont emportés refusent de s'envoler ; poussés hors de la nacelle, ils tombent, l'air raréfié ne peut plus les soutenir. Le silence est absolu, l'air sec, le ciel paraît bleu foncé. Ils montent : 8,800 mètres. Ils sont dans l'inconnu où nul ne les a précédés, ou nul ne les a suivis. Le ciel semble noirâtre, la paralysie les gagne, le froid les envahit ; à 2 lieues au-dessus du tiède automne anglais, ils sont enveloppés dans le givre sibérien. La vue de Glaisher se trouble, la vie s'en va..., mais on a juré de monter...

On monte : 8,838 mètres ; pour Glaisher, le jour s'obscurcit de plus en plus, et bientôt il

fait noir ; ils respirent l'air rare et froid qui
baigne, à 8,840 mètres, la neige immaculée et
souveraine du Gaurisankar, le sommet suprême de l'Himalaya et de toute la terre.
9,000 mètres, c'est la fin ; Glaisher est évanoui, insensible, inconscient ; Coxwel a brus-
quement perdu l'usage de ses membres ;
comme une lampe qui baisse, on dirait que le
jour s'éteint ; c'est la porte même de la mort.
Il est temps ! assez ! Le seul homme qui ait
jamais gardé sa connaissance dans cette ré-
gion, Coxwell, veut ouvrir la soupape, mais
son bras est paralysé ! Une inspiration les
sauve : il saisit avec les dents la corde de la
soupape et tire ; le ballon revient vers la terre
et Glaisher s'éveille.

— Vous avez failli mourir !

— Je le sentais, mais j'avais confiance en
vous, je savais que nous descendrions quand il
serait temps.

— *All right !*

Le savant et l'aéronaute étaient dignes l'un
de l'autre.

Depuis Glaisher et Coxwell, avant d'arriver
aux dramatiques ascensions du *Zénith*, les

Ascension du *Géant*. (P. 37.)

voyages scientifiques devinrent de plus en plus
nombreux.

Depuis quelques années, l'aérostation scientifique était assidûment cultivée en France :
M. Camille Flammarion, le premier, avait re-
mis en honneur, dans la patrie des aérostats,
les voyages scientifiques en ballon, oubliés
depuis Barral et Bixio ; il fit, en 1867, deux
voyages d'une étendue remarquable, de Paris
à Angoulême, et de Paris à Cologne.

L'année suivante, un autre savant, M. Gaston Tissandier, débutait par une périlleuse
ascension au-dessus de la mer du Nord et,
bientôt, conduisait dans l'air le plus vaste aérostat à gaz qu'on y ait été guidé (11,500 mètres cubes). Peu de mois après, avec M. Wilfrid
de Fonvielle, il observait la contre-partie du
froid étudié par Barral et Bixio. Le 7 février
1869, alors qu'à terre le thermomètre était à
13 degrés au-dessus de zéro seulement, à
1 kilomètre de hauteur on étouffait par une
chaleur de 28 degrés. Dans cet étonnant
voyage, ils firent 20 lieues en trente-cinq minutes, 35 lieues à l'heure, le triple de la vitesse
d'un train. Ce n'est pourtant pas encore le

maximum connu : une fois, le ballon de Green
fut emporté au-dessus de Londres avec une
vélocité de 64 mètres par seconde, soit 58
lieues à l'heure.

Des hommes comme Crocé-Spinelli et Sivel
— un ancien officier de marine, ainsi que Harris, — devaient être séduits par des hommes
comme les frères Albert et Gaston Tissandier.
Là où des cœurs moins généreux eussent
trouvé des rivaux, ils ne virent que des colla-
borateurs et, tous ensemble, ils firent, les 23
et 24 mars 1875, non le plus grand, mais le
plus long voyage d'une seule traite que jamais
aérostat ait exécuté. En vingt-deux heures
quarante minutes, le ballon les porta de Paris
au bassin d'Arcachon ; ils observèrent, avant
de franchir la Gironde, une admirable croix
lumineuse autour de la lune et ils firent plus
de cinq cents kilomètres à vol d'oiseau !

Le 15 avril suivant, Crocé, Sivel et Gaston
Tissandier accomplissaient leur glorieux et
mortel voyage. Ils avaient l'ambition de dépasser Glaisher. Son évanouissement ne les
effrayait point : n'emportaient-ils pas la source
de vie, l'oxygène ?

Ils ne se doutent pas que la stupeur va s'in-
filtrer traîtreusement dans leurs veines, que la
faiblesse va les atteindre, subite comme la
foudre, et leur retirer la force d'approcher de
leur bouche le gaz sauveur!

Ils sont partis : le *Zénith* n'apparaît plus que
comme une bulle de cristal suivie d'une sorte
de comète d'ombre, et il disparaît derrière un
pan d'azur.

Pendant que l'on admire, sans même songer
à la possibilité d'un accident, tant les précautions ont été bien prises, les aéronautes, à
8,000 mètres, perdent le sentiment et se trouvent désormais à la merci de la force aveugle
qui les emporte à 8,600 mètres... Gaston Tissandier seul est revenu de ce voyage, ses com-
pagnons ont laissé leur grande âme là-haut.
Jamais un être humain n'était mort de cette
façon : non point asphyxié dans un milieu ir-
respirable, mais au sein d'un air pur, par suite
simplement de sa raréfaction ; non point précipité à terre, mais en montant. L'émotion fut
immense et les aéronautes du *Zénith* ont obtenu cette célébrité suprême : *l'image d'Épinal
à un sou !*

IV

LES BALLONS DU SIÉGE DE PARIS
(1870).

Le siége de Paris devait nous initier à un autre genre de services patriotiques que les ballons étaient destinés à rendre.

Pour amener la capitulation de la noble ville, les Allemands comptaient autant sur les angoisses que sur les privations, autant sur les inquiétudes que sur la faim. Paris séquestré, pour le reste de la France, c'était la nuit; impossible aux chefs d'envoyer leurs ordres en province, impossible aux particuliers de donner de leurs nouvelles aux êtres chéris qu'ils avaient éloignés du foyer domestique, pour leur épargner le dur jeûne obsidional.

Dès le 19 septembre 1870, les rails sont enlevés, les fils télégraphiques coupés dans toutes les directions, les voitures de dépêches essayant de franchir les lignes d'investissement sont

Atelier de construction des ballons à la gare d'Orléans.   (P. 41.)

accueillies par des balles; les cours d'eau sont
barrés par des filets; tous les chemins, tous les
sentiers sont gardés par des sentinelles. L'air
seul est accessible encore, cela suffit : au
wagon-poste on substitue l'aérostat, et le
pigeon remplace le télégraphe. Mais comment
faire? Il n'y a à Paris que quelques vieux ballons usés dans les fêtes publiques, et les aéronautes ne manquent pas moins que les aérostats. Il n'importe, on suppléera à tout. Les
chemins de fer ont cessé leur service, les immenses gares, pleines naguère, à tout heure du
jour et de la nuit, d'une foule affairée, sont
actuellement désertes et vides; on les trans-
forme en ateliers aérostatiques. Yon et Dartois
s'établissent à la gare du Nord, les frères
Godard à celle d'Orléans. Pendant les quatre
mois et demi que dure le siége, soixante-dix
ballons neufs sont construits littéralement
sous les obus, qui forcent à évacuer la gare
d'Orléans. Deux écoles aéronautiques accom-
pagnent les ateliers improvisés; Godard ins-
truit des marins de l'Etat qui ne font que chan-
ger d'élément; Yon fait appel, sans distinction
de rang, à tous les gens de cœur et de bonne

volonté, et, dans toutes les classes, toutes les professions, on répond à sa demande.

Le premier qui part c'est Duruof, dans son vieux ballon *le Neptune*, qui perdait son gaz par mille déchirures, au fur et à mesure qu'on le gonflait. Malgré tout, Duruof donne l'exemple et part : dans le cours de son voyage, plus de 500 kilogrammes de lest lui passent par les mains pour maintenir en l'air son ballon, qui se vide comme une passoire. Enfin il atterrit à Craconville, dans l'Eure. La poste aérienne est désormais créée.

Le 25 septembre, Mangin part avec un voyageur dans la *Citta di Firenze*, appartenant à Louis Godard. Le 29, c'est M. Godard avec un passager, dans deux ballons jumeaux qu'il avait appelés à cette occasion les *Etats-Unis*. Le 30 septembre, c'est le tour de M. Gaston Tissandier, dans le *Céleste*.

Le 7 octobre, le ministre de l'intérieur, M. Gambetta, partait à son tour dans l'*Armand-Barbès*, conduit par M. Trichet, et, dès lors, le service de la poste aérienne se poursuivit sans intermittence, pendant tout le cours de ce long siége

Nacelle d'un ballon-poste.   (P. 42.)

Le 24 novembre, à minuit, le ballon *la Ville-d'Orléans* est gonflé à la gare du Nord, et un officier de marine, M. Rolier, accompagné d'un voyageur, M. Bezier, prennent place dans le panier.

Ils partent; la nuit est sombre, le silence profond, les voyageurs ne savent où ils vont...

Dans la nuit, on entend des roulements étranges...

— Bah! ce sont les chemins de fer belges, si nombreux.

Le matin, on voit sur un fond sombre de petites taches blanches.

— C'est de la neige...

Les petites taches s'agitent : c'est l'écume des vagues; c'est la mer! Le ballon s'abaisse peu à peu... La mer sans limites, voilà tout l'horizon.

Les voyageurs étaient partis braves, prêts à lutter de toutes leurs forces contre l'ennemi qui s'avançait, prêts à présenter héroïquement léur poitrine aux balles prussiennes, à défier le vent et la tempête. Ils étaient partis fort; en un instant, devant l'océan sans bornes, le désespoir les fit faibles, et, plutôt que de mourir

lentement, asphyxiés par l'eau, ils se préparè-
rent à faire sauter la *Ville-d'Orléans*. Mais, au
moment de mettre leur dessein à exécution, ils
aperçurent un navire se dirigeant vers eux.

Pour se maintenir, Rolier jette un sac de
lest; le ballon remonte à 5,000 mètres, et, là,
un nouveau courant le saisit... Il redescend
bientôt à travers des nuages de givre et de
glace dont les paillettes couvrent les voyageurs. O bonheur! une plaine leur apparaît :
une secousse les jette à bas de la nacelle, mais
ils sont sauvés.

Ils étaient à Krœdschered, en Norvège, et ils
venaient de faire, grâce à messieurs les Prus-
siens, un voyage de 400 lieues, en faisant un
petit crochet... vers le cercle polaire !

Le temps passait pendant ce voyage inouï, et
la province ne recevait aucune dépêche de
Paris. Un pigeon apporte une dépêche de
Gambetta :

« Nous sommes sans nouvelles et ne savons
que faire; envoyez un ballon, coûte que coûte. »

Le *Jacquart* est gonflé ; le matelot Alexandre
Prince est désigné pour le conduire, deux personnes doivent l'accompagner; mais le vent

Un départ de ballon pendant le siége de Paris. (P. 45.)

est si terrible qu'au dernier moment elles refusent de partir. Il s'agit du salut de la France; Prince n'hésite pas : il reçoit, pour le transmettre à l'armée de la Loire, l'ordre de marcher en avant, déjà expédié par la *Ville-d'Orléans.*

— Je veux faire un immense voyage dont on parlera.

Le marin agite son chapeau ciré.

— Vive la République !...

Et le ballon disparaît dans la tempête et dans la nuit. On ne l'a revu jamais. Seulement :

Le lendemain, en mer, le *North,* trois-mâts anglais,
Qui portait du charbon de Bristol à Calais,
Dans le tourbillon noir d'une bourrasque énorme,
Vit choir du haut des cieux quelque chose d'informe,
Qui semblait un grand aigle étendu sur le dos.
L'épave surnagea quelque temps sur les flots;
Et, comme elle passait presque dans le sillage,
Le patron, John Goldsmith, homme prudent et sage,
Du haut du banc de quart crut entendre des cris
Et voir un bras sortir du milieu des débris.
— La neige était épaisse et la mer était haute:
Le courant était rude et portait à la côte...
Peut-être le canot serait avarié...
Puis c'était en français que l'homme avait crié ! —
Il ne fit rien. Jamais nul ne revit l'épave.
Français, découvrez-vous, elle emportait un brave!

Les accidents se multipliaient, toujours pour la même cause : les départs de nuit.

Le surlendemain, 30 novembre, M. Alfred Martin, aéronaute volontaire, et son passager, M. du Cauroy, sont lancés à leur tour sur l'océan. En sept heures, le vent de nord-est les a jetés sur les côtes de Bretagne ; ils passent miraculeusement juste sur Belle-Isle, — un point dans l'immensité, — mais ils sont à 2,300 mètres et, avant qu'ils aient eu le temps de descendre d'une pareille hauteur, la tempête les aura entraînés en pleine mer. En éventrant le ballon, il tombera sur l'île.

De toute façon, c'est la mort ; mais, en agissant ainsi, les dépêches sont sauvées, c'est l'essentiel. M. Martin grimpe dans le filet et éventre le ballon qui dégringole. La nacelle tombe sur un mur qu'elle broie, le vent entraîne ce ballon pantelant et le traîne jusqu'à ce que, épuisé, il tombe et laisse rouler à terre ses héroïques passagers, sanglants, à demi morts...

Mais les dépêches sont arrivées !

— Vive la France !...

V

JOUTES AÉRIENNES.

On a souvent organisé, pour la récréation du public et, en même temps, exciter l'émulation des aéronautes, des joutes, de véritables courses aériennes, dans lesquelles il faut que ceux-ci déploient tout leur savoir, toute leur expérience pour maintenir le plus longtemps possible leur ballon dans l'atmosphère, tout en recherchant à différentes hauteurs le courant le plus rapide.

Il arrive aussi que plusieurs aérostats, partis de points différents, se rencontrent dans les airs et voguent de conserve. Les études que ces courses permettent de faire sur les courants superposés sont par là très curieuses et très intéressantes. Citons quelques-unes de ces joutes.

En 1868, M. Godard devait partir de Gre-

nelle, avec un ballon de 300 mètres cubes. Le
gaz étant très lourd et l'aérostat ne pouvant
enlever son passager, M. Mangin, jeune aéronaute d'avenir, saute dans la nacelle et commande de tout lâcher..... Au moment où il
s'élève, deux autres ballons quittent le sol.
L'un, monté par M. Gratien, s'élève de Saint-
Cloud ; l'autre, conduit par M. Dartois, part de
l'Hippodrome. Quoique de beaucoup en arrière,
ces deux aérostats ne tardent pas à atteindre
celui de M. Mangin, qu'ils dépassent aux fortifications. Mais, à 80 mètres du sol, celui-ci
trouve le courant qu'il cherchait ; il dépasse
ses concurrents et va descendre à Montlhéry,
à 5 kilomètres en avant du point d'atterrisse-
ment choisi par MM. Gratien et Dartois.

Le 14 juillet 1879, trois ballons partaient ensemble de Nantes. Le *Gabriel*, du cube de
1,200 mètres, était conduit par M. Jovis, accompagné de trois passagers. L'*Agriculture*, de
600 mètres, emportait M. Lair et Mme Jovis, et
le *Marsouin*, de 300 mètres seulement, était
monté par M. Taupin. Le *Gabriel* fit 15 kilomètres et alla descendre à Pallière, tandis que le
Marsouin faisait 30 kilomètres et atterrissait au

bord de l'Océan, à la Saulzaie. L'*Agriculture* fit
à peine 2 lieues. Quelle différence entre ces
trois voyages!

Le 22 août 1879, MM. Brissonnet et Védel,
officier de marine, partent dans un bel aérostat
de 660 mètres cubes, *la Comète*. En même
temps qu'ils s'élèvent de Poissy, le cri de :
« Lâchez tout! » retentit dans deux autres endroits : aux Buttes-Chaumont où se gonfle,
sous la direction de M. Jovis, le ballon l'*Observatoire aérien*, et au polygone de Vincennes où
M. Sauzay fait des expériences de ballon captif
avec son aérostat de 200 mètres cubes, *le
Daumesnil*.

Le vent pousse au sud-ouest. M. Sauzay
traverse Paris dans toute sa largeur, passe au-
dessus de Sèvres, du bois de Vaucresson, de
Rocquencourt, et il descend à Grignon. En
même temps que lui, l'*Observatoire aérien* s'a-
baisse vers la terre et s'abat dans une prairie,
à Plaisir. Les aéronautes dégonflaient leurs
appareils quand un troisième ballon arrive de
l'espace et dépose ses voyageurs, MM. Brissonnet et Védel, à deux pas de la ville de Hou-
dan. A onze heures du soir, les trois ballons et

5

leurs aéronautes arrivaient à la gare Mont-
parnasse.

Une autre course, faite à dessein, eut lieu le
25 octobre 1879, à Londres. Ce concours inter-
national avait été organisé par la *Society of
Balloons of the Great-Britain* (Société des ballons
de la Grande-Bretagne). Le ballon anglais
l'*Eclipse,* du cube de 900 mètres, devait être
dirigé par M. Wright et le ballon français
- *Académie d'aérostation météorologique n°* 1, de
1,200 mètres de capacité, devait être monté
par M. Perron, président de cette société,
W. de Fonvielle, vice-président, et le commo-
dore Cheyne.

Le sacramental « Lâchez tout! » se fait entendre, les deux ballons quittent le sol glacé
de *Chrystal-Palace of Sydenham* et bondissent
dans les airs.

Le ballon français jette du lest et monte... Il
atteint bientôt l'épaisse couche de nuages qui
pèse éternellement sur la froide Albion; il la
traverse et il monte dans l'espace resplendissant de lumière. Quinze cents mètres! La dilatation s'opère, le ballon monte et glisse comme
un météore dans l'azur des cieux. Deux mille

mètres! il monte toujours. Enfin, à 7,000 pieds,
la marche ascensionnelle s'arrête et l'*Académie
d'aérostation* prend son vol en ligne droite.

Bientôt le soleil, s'abaissant sur l'horizon,
rappelle aux hardis voyageurs que l'heure s'a-
vance et qu'il faut descendre. Les instruments
de physique sont hissés dans un panier dans le
cercle, et Perron saisit la corde de soupape...

Le gaz siffle en s'échappant, l'aérostat atteint
les nuages sur lesquels, un peu auparavant,
son ombre victorieuse courait. Il s'y enfonce
et, de la lumière, il retombe dans le brouillard.

Quand la couche vaporeuse est traversée,
les aéronautes poussent un cri : — La mer!

En effet, la mer immense apparaît aux voyageurs. De loin en loin, comme une aile de
goéland, oscille une voile. Et le ballon descend
toujours...

Sauvés! une île se dessine. C'est un rocher
aride, affreux; mais qu'importe, c'est la terre!
Le ballon descend encore, le guide-rope traîne
dans les flots et modère la force qui l'emporte.
La nacelle atteint bientôt les vagues, mais la
grève arrive et les voyageurs sautent sur le
roc.

Il faut dégonfler, maintenant : à eux trois et avec beaucoup de peine, enfin, ils y parviennent. Le ballon, son filet, son cercle, sont réunis dans la nacelle et le tout porté sur le plus haut sommet de l'île.

Les voyageurs commençaient à trouver le temps long sur leur rocher que la marée montante envahissait peu à peu, quand des ouvriers et des pêcheurs, qui avaient assisté de la côte à la descente de l'aérostat, arrivèrent avec des barques, et ramenèrent voyageurs et matériel à Plymouth. Le lendemain, le tout était de retour à Crystal-Palace.

Le ballon français avait gagné la joute, l'aérostat anglais étant descendu sur la côte ; aussi, à leur retour en France, les voyageurs furent-ils assaillis par des pièces de vers aussi élogieuses que mal faites.

V I

ASCENSIONS PENDANT L'ORAGE ET PENDANT LA NEIGE.

Il arrive quelquefois — tant la météorologie est capricieuse — que le jour choisi de longue main pour date d'une ascension, après s'être levé splendide, se trouble dans le courant de l'après-midi, et qu'un orage imprévu vient fondre malencontreusement sur l'aérostat gonflé et contrarier son départ.

M. Mangin, l'un des plus ardents promoteurs de l'idée de la poste aérienne pendant le siége de Paris, semble avoir la spécialité des ascensions émouvantes. On pourrait croire qu'un pacte existe entre lui et la tempête, car la majorité de ses ascensions n'est qu'une suite de péripéties, d'aventures dramatiques.

Ainsi, le 18 septembre 1868, jour de la fête de Saint-Cloud, par un soleil splendide, M. Mangin procédait, sur la place d'Armes, au gonflement du magnifique ballon de 1,200 mètres cubes, *l'Union*, dont il était le constructeur. Il agissait comme lieutenant des aérostiers de la Société météorologique de France et voulait se montrer à la hauteur de la mission qu'il devait accomplir.

Vers trois heures de l'après-midi, le ciel s'obscurcit ; l'atmosphère s'encombra d'épais nuages, et le tonnerre fit entendre ses grondements dans les profondeurs célestes. L'orage approchait et il ne tarda pas à se déchaîner dans toute sa violence, juste au-dessus du ballon à moitié gonflé. Beaucoup de personnes, assistant aux délicates manœuvres du gonflement se mirent spontanément sous les ordres de M. Mangin et tinrent les cordes de retenue, quoique n'ayant pour tout abri que les toiles du ballon que la rafale chassait au-dessus de leurs têtes.

« Après la pluie, le beau temps », dit avec raison le proverbe. Après quelques ondées bien senties, l'air se rasséréna, le vent emporta plus loin les nuages orageux, et le soleil reparut.

M. Mangin procéda à l'équipement de *l'U-*

nion, à l'arrimage de la nacelle ; l'ancre fut mise en veille, le tuyau de gonflement détaché et, quand l'astre radieux eut séché l'étoffe humectée, il donna le signal du départ.

L'énorme aérostat s'éleva du sein de la foule acclamant les aéronautes, au nombre de trois, qui la saluaient de leur balcon aérien.

Tout à coup un mouvement se produisit, et les spectateurs se précipitèrent vers le pont. L'*Union*, alors au-dessus de la Seine, descendait lentement, par l'action de l'humidité qui condensait le gaz.

La chute s'accentuait, s'accélérait toujours...

Un batelier décrochait déjà sa barque pour courir au secours des voyageurs, quand l'aéronaute vida un sac de lest et, aux acclamations de la foule, le ballon s'enleva, pour de bon, cette fois.

Il arriva à 400 mètres.

Alors se produisit un phénomène splendide, unique au monde. Il pleuvait encore sur Paris et un gigantesque arc-en-ciel se projetait, éclatant des sept couleurs du prisme, dans les cieux. L'*Union*, arrivant à 400 mètres, coupa en deux parties l'arc dont une moitié disparut et le ballon se trouva entouré — d'un seul côté seulement — d'une auréole d'un écarlate tellement vif que les spectateurs crurent que l'aérostat venait de s'enflammer dans les airs.

Les voyageurs aériens, pour qui ce phénomène n'existait pas, ne comprenaient rien à l'agitation de la foule, et ils n'apprirent l'apparition de ce beau phénomène que le lendemain.

L'*Union* parvint à une altitude de 2,300 mètres, à laquelle elle se maintint pendant toute la durée du voyage. Les aéronautes passèrent à cette hauteur au-dessus de Paris, et, continuant leur marche vers le nord-est, ils allèrent atterrir, après deux heures de voyage, en pleine forêt de Chantilly, à Mello, près de Senlis, canton de Creil. Ils avaient franchi 60 kilomètres à vol d'oiseau.

En 1878, M. Mangin exécutait une nouvelle ascension à Alençon. On était au mois d'avril, mois des giboulées et des coups de vent. En une heure et demie, le ballon l'*Éclair* fut gonflé. Mangin sauta dans le panier et l'*Éclair*, avec la rapidité de son homonyme, bondit dans les airs.

A peine eut-il atteint 500 mètres que l'orage — un orage sérieux — éclata ; les nuages crevèrent et le vent se mit à souffler avec furie.

Mais l'aéronaute n'avait pas attendu la pluie. Il avait vidé un sac de lest, traversé les nuages orageux avant leur résolution, et, pendant que le vent faisait rage au-dessous de lui, il planait a 1,800 mètres de hauteur.

Un quart d'heure plus tard, il regagnait la terre à Lonray, à 7 kilomètres d'Alençon. La descente s'opéra sans difficultés, au beau milieu d'un champ transformé en lac de boue par la pluie.

Dans leur première ascension, M. Camille Flammarion et le comte Xavier Branicki, conduits par Eugène Godard, remarquèrent que leur aérostat fut attiré par un orage qu'ils atteignirent à Fontainebleau où ils descendirent. A cette occasion, M. Flammarion dit qu'ils auraient tenté de revenir à Paris avec l'orage, s'il leur fût resté assez de lest. « Ç'aurait été, ajoute le grand astronome, une expé-

rience curieuse à tenter, sous tous les points
de vue. Revenir dans la nacelle d'un aérostat
porté sur l'aile de la foudre, n'y a-t-il pas en
effet là de quoi tenter l'esprit aventureux de
plus d'un aeronaute ? Il serait au moins cu-
rieux de savoir si l'éclair ne mettrait pas le
feu au gaz du ballon, et si son passager ne serait pas foudroyé par la décharge électrique
dans son panier ! »

Avis aux amateurs.

Si les ascensions pendant l'orage sont fort
émouvantes, les ascensions de neige sont pour
le moins assez curieuses.

En 1868, MM. Gaston et Albert Tissandier
faisaient une ascension à l'usine à gaz de la
Villette. La plus grande hauteur qu'ils purent
atteindre fut de 700 mètres... Deux gros sacs
de lest ont déjà été sacrifiés pour compenser le
poids du manteau de neige qui s'appuie sur le
dôme de l'*Union*. Bientôt la zone supérieure
s'éclaircit faiblement. Encore un sac et ils dé-
passeront les nuages. Mais l'aéronaute a mon-
tré à ses passagers enthousiastes le danger qui
les attend s'ils sacrifient ce sac. Le ballon, arrivé en plein soleil, va se débarrasser de sa

lourde carapace de neige, se sécher, se dilater
et se perdre dans le ciel bleu... Et à la descente, sous l'impression du froid des nuages,
le gaz va se condenser et une chute mortelle
s'en suivra.

Et, en disant cela, l'automédon aérien saisit
la corde de soupape, ouvre celle-ci en grand,
et l'aérostat s'abat dans la cour d'un château,
à Chennevières-sur-Marne. Il est midi, le dîner
est prêt, et le propriétaire du château fait
inviter les voyageurs, arrivant du ciel en
droite ligne, à déjeuner.

Ceux-ci n'ont garde de refuser ; les paysans
emplissent la nacelle de pierres et les aéronautes, libres de tout souci, font honneur au
déjeuner que leur offre si gracieusement
M. Rouzé.

A l'issue du repas, le ciel est rasséréné, le
soleil brille, et M. Gaston Tissandier dit à leur
aimable amphitryon : — Tout à l'heure, nous
vous avons donné le spectacle d'une descente ;
maintenant, nous allons vous donner celui
d'une ascension !

La nacelle est débarrassée des pavés qui
l'encombrent, les aéronautes reprennent leurs

places; M. Mangin se délivre de son pesant guide-rope : « Lâchez tout! » Les voilà partis. Ils montent : 1,000 mètres, 1,500, 2,000, 3,000 mètres. La dilatation se fait sentir et ils atteignent 4,500 mètres. Mais l'heure s'avance, l'aéronaute ouvre la soupape toute grande, et le ballon tombe dans un champ fraîchement labouré. Les aéronautes sont couverts de boue. C'est le réveil après un beau rêve !

Le 2 décembre 1880, M. Sauzay part à quatre heures et demie du jardin Besselièvre. En quatre secondes il atteint 300 mètres et, emporté par un rapide courant, en dix minutes, il traverse tout Paris. Un peu de lest dehors, le baromètre descend, et accuse 900, 1,000, 1,500 mètres; les nuages sont traversés et le *Satellite* vogue à 2,700 mètres de hauteur. Emporté avec la vitesse d'un train express, 80 kilomètres à l'heure, en 50 minutes le ballon arrive au-dessus de Provins, et l'aéronaute descend sur le toit d'une ferme. A ses cris, on accourt et on le sort de la nacelle, *raide comme une barre,* dit-il. A 1,690 mètres, le thermomètre était descendu à 9° au-dessous de zéro, et le givre avait tellement fait raccourcir les cordages que l'appendice n'était plus qu'à 50 centimètres de la tête de l'aéronaute.

Quelle belle science que la météorologie, et cependant combien, malgré son intérêt et son utilité, elle est encore peu étudiée et peu connue?

VII

QUELQUES ASCENSIONS CURIEUSES.

Nous extrayons, parmi les récits de voyages aériens exécutés depuis quelques années, deux ou trois récits d'ascensions réellement mémorables. Voici ce que raconte à ce sujet un ancien aéronaute de foire, M. Mirepoix :

Je me suis élevé de la Ferté-Macé, le 7 septembre, à six heures quarante minutes environ du soir, avec seulement 400 à 500 mètres de gaz, quoique mon ballon en pût contenir 650; je n'avais que cinq sacs de lest dont un n'était qu'à moitié plein. Je montai à 1,800 mètres, où la dilatation emplit entièrement mon ballon.

La Ferté-Macé a disparu, la nuit arrive : je me décide à voyager une bonne partie de la nuit; la condensation me rapproche de terre, j'entends le sourd grondement du vent, mon baromètre indique 1,000 à 1,200 mètres, les villes se montrent à moi par leurs mille feux; je crois avoir reconnu les sinuosités de la Seine, passé sur Rouen et vu les feux du Hâvre. La terre se montre, ce qui me fait un sensible plaisir : car je puis mieux lire mes hauteurs; je dispose à dix heures le guide-rope qui pend de toute sa longueur, je visite la corde d'ancre, je mets tout en ordre dans la nacelle; la condensation me rapproche encore de terre, le guide-rope vient frôler sur le sol, ce qui produit une trépidation énergique. Je marche ainsi depuis dix heures du soir jusqu'à une heure du matin, le poids du guide-rope m'abaissant ou m'élevant selon qu'il traîne ou qu'il pend; je démolis pas mal de cheminées, et dans beaucoup d'endroits les habitants ne me voient pas, mais entendent le fracas causé par la corde tombant sur les toits.

A minuit, le vent n'est plus intense, ma course est très lente.

Tout à coup, le guide-rope a dû s'enrouler à
quelque branche, je me sens arrêté sans trop
de secousse ; je suis au-dessus d'un petit bos-
quet d'arbres ; retenu captif, je contemple un
instant ce spectacle ; puis, tirant sur le guide-
rope, je viens appuyer la nacelle sur la cime
des arbres, le vent étant très faible, car le
ballon n'est pas incliné du tout. Je décroche le
guide-rope, je coupe une branche d'arbre,
j'embarque le guide-rope et je repars. La force
ascensionnelle est très faible. J'ai des terrains
découverts en avant ; je laisse filer à peu près
10 mètres de guide-rope, je renverse quatre ou
cinq tas de gerbes ; non loin, je vois quelques
habitations, puis de grands arbres ; je jette
l'ancre sans avoir ouvert la soupape, je m'arrête, l'ancre a mordu dans des fils de fer servant à des barrages.

Après avoir voyagé pendant six heures et
demie, je suis retenu captif à six mètres du sol.
Le ballon se dresse majestueusement, sans
être incliné ni secoué, car il n'y a pas du tout
de vent ; je descends par la corde d'ancre, je
vérifie l'amarre, qui est solide, je l'attache
plus solidement encore et je prends terre un

moment. Je vais frapper à la porte d'une maison : on refuse de me recevoir, on ne veut pas m'entendre, on me prend pour un rôdeur de nuit ; les habitants ne voulaient pas croire que je venais d'arriver en ballon. Je vais frapper de porte en porte, j'essuie partout des refus ; à la fin, je fais tellement de tapage que les paysans s'avancent avec de bons gourdins, croyant avoir affaire à une bande de voleurs ; il faut parlementer pendant quelques minutes pour les décider à aller vers mon ballon. Quand ils reconnaissent leur erreur, ils se confondent en excuses, et cherchent à me faire oublier le mauvais accueil qu'ils m'ont fait.

Cette petite scène nocturne se passe à Crocquoison, commune d'Hencourt, département de la Somme. Comme j'ai très faim, je me fais faire une omelette, nous buvons un verre de cidre, je me fais préparer un lit après avoir fait, à trois heures du matin, une seconde visite à mon véhicule aérien dont j'ai attaché l'appendice et qui est solidement amarré ; je vais dormir, recommandant que l'on m'éveille au jour, ou plus tôt, s'il survient du vent.

Je me lève à six heures du matin et, après

m'être assuré que tout va bien, je déjeune;
j'attends jusqu'à sept heures pour que le soleil
vienne dilater un peu le gaz et augmenter la
force ascensionnelle. Je fais le pesage; je
prends deux sacs de lest, deux gerbes d'avoine,
je pars à sept heures et demie; un rayon de
soleil que je désirais était venu; malgré cela,
je n'ai pas la force de prendre tout le guide-
rope : j'en coupe 10 mètres que j'embarque, et
je m'élève; le vent souffle du sud-ouest; je
peux donc voguer encore sans trop redouter la
mer; je suis bientôt à 1,200 mètres : des
cumulus étant à 800 mètres, je vois l'auréole
du ballon.

J'ai environ 30 kilogrammes et l'ancre en
sus; je me rassure et laisse faire l'ascension;
j'arrive à 5,000 mètres, je les dépasse, je perds
la terre de vue; il fait froid et il tombe une
petite pluie; j'essaye de parler fort, ma voix
est tout à fait rauque. Bientôt je descends
rapidement, j'éprouve un bien-être immense,
je revois la terre, je suis à 3,000 mètres; ma
vitesse se ralentit, mais je descends toujours;
le terrain est beau en avant, je ne vois pas la
mer; je laisse opérer ma descente, j'arrive

près du sol, je jette un peu de lest pour ralentir ma chute, la nacelle vient franchir une haie que je couche. Je jette un peu de lest; n'ayant pas assez de force ascensionnelle pour me relever, je suis obligé d'épuiser tout mon lest, même la bâche de pliage; je me relève après avoir traîné sur un champ de betteraves, je quitte la terre de nouveau, je ne sais pas où je suis : j'ai crié à des personnes qui ne m'entendent sans doute pas, je ne puis savoir en quel endroit j'ai pris terre ; mais, en me relevant, je reconnais une ville fortifiée, laquelle, d'après ma direction, doit bien être Aire ou Saint-Omer.

Quelques rayons de soleil viennent de nouveau dilater le gaz, je monte toujours, je dépasse les nuages à travers lesquels je vois la terre par intervalles, je suis à dix heures et demie à 5,000 mètres de hauteur; je n'ai pas de lest, et je me suis élevé avec une étonnante rapidité. Il fait une chaleur étouffante, j'éprouve un malaise effrayant, je bâille et j'éprouve une lassitude très grande, j'ai envie de dormir ; je regarde le baromètre qui indique 5,600 mètres. Tout à coup, à travers les nuages

que le soleil dissipe, je regarde avec effroi au
loin, je crois voir la mer : je braque ma lor-
gnette, je suis presque verticalement à 1,000
mètres du bord de l'eau ; je me pends à la soupape et je dégonfle mon ballon de plus de la
moitié ; ma descente commence lentement
d'abord, puis elle devient terrible, la nacelle
est ballottée dans tous les sens ; je dénoue la
corde de l'appendice, ce qui permet au ballon
de former parachute ; je dénoue la corde d'ancre en laissant l'ancre sur le bord de la nacelle,
je me déshabille entièrement, je mets mon
argent dans un sac de lest que je noue, avec
tous les instruments et ma montre. Je regarde
sur le bord de la nacelle, je suis à 500 mètres
de l'eau, à 2,000 mètres de hauteur. Tous ces
mouvements sont exécutés fiévreusement. J'attends tout nu le dénouement fatal, ce coup va
m'engloutir. Je suis à 1,200 mètres ; passé
cette altitude, je ne regarde plus mon baromètre ; j'ai commencé ma descente à onze
heures vingt-cinq minutes ; je me tiens au bord
de la nacelle, les objets grossissent affreuse-
ment à ma vue. Tout à coup, à 300 mètres de
terre, le paysage tourne à mes yeux et je vois

effectivement qu'au lieu de tomber dans l'eau,
qui est à 200 mètres en avant, je vais tomber
sur le sol, avec une vitesse effroyable : je lance
l'ancre, mes habits, le sac de lest précieux, et
j'empoigne le cercle sur lequel je grimpe; puis
je m'aplatis sur le sol avec un choc énorme.
Le poids de l'ancre et de la nacelle m'a sauvé;
mon corps vient battre violemment sur les
bords de la nacelle et mes deux coudes sont
meurtris par le choc, je n'ai pas d'autre
blessure.

On accourt de tous côtés; tout le monde a
été témoin de ma chute. On m'apporte les
effets qu'on a retrouvés, ma chemise, mon pan-
talon, mes bottines ; je n'ai perdu que le gilet
et la casquette. J'ai perdu un porte-monnaie
avec un louis, la somme principale était dans
le sac de lest, et elle a été retrouvée.

Il n'y a pas eu un mètre de traînage, le ballon était tellement dégonflé qu'il s'est aplati
sur la terre : je suis tombé au milieu d'un
champ de pommes de terre; l'ancre a failli
emporter la toiture d'une maisonnette ; nous
procédons au dégonflement du ballon, on le

charge sur une voiture et on le porte directe-
ment à la gare de Nieuport.

A peu près vers la même époque, aux États-
Unis, avait lieu un voyage aérostatique, non
moins émouvant par ses péripéties. Il fut exécuté par M. Harkhen et le professeur King,
qui s'élevèrent de Chicago.

Le ballon, qui cubait 3,000 mètres, partit le
13 octobre, un peu avant le coucher du soleil,
de la place même qui avait servi à la fatale
ascension de Donaldson et de son infortuné
compagnon; mais, au lieu de se diriger vers le
lac, il prit la direction du sud-ouest.

Le vent l'entraîna ainsi pendant une partie
de la nuit, jusqu'à ce qu'il fût parvenu au-
dessus d'une petite ville que les voyageurs
aériens crurent reconnaître pour Pearia, à
cause de la disposition de son éclairage. Ils
avaient parcouru 300 kilomètres dans la direction sud-ouest. A partir de ce moment, le vent
changea et le navire aérien fut entraîné assez
rapidement vers le nord-ouest.

Au lever du soleil, les voyageurs reconnu-
rent plusieurs villes du Wisconsin; mais, vers
dix heures du matin, il survint une pluie tor-

rentielle au-dessus de laquelle ils résolurent de passer, ce qu'ils ne purent faire qu'en s'élevant à plus de 3,000 mètres.

En redescendant de cette hauteur, il leur fut impossible de reconnaître le pays au-dessus duquel ils naviguaient, quoiqu'ils vissent bien qu'ils filaient du côté du nord.

Comme ils se croyaient sur les bords du Mississipi supérieur, et qu'ils n'avaient plus que deux sacs de lest, ils se décidèrent à effectuer leur descente. Malheureusement, ils n'avaient pas fait attention que l'immense forêt au-dessus de laquelle ils passaient poussait dans des marécages, et, en sortant de leur nacelle, ils se trouvèrent environnés d'eau de toute part.

Ils parvinrent à découvrir une cabane de bûcheron où ils passèrent la nuit du 14 au 15. Le 15, ils retournèrent au ballon et perdirent leur temps à construire un radeau auquel ils mirent un drapeau et qu'ils abandonnèrent au fil de l'eau, espérant qu'on l'apercevrait de quelque endroit habité, et que l'on viendrait à leur secours.

Reconnaissant l'inutilité de leurs efforts, ils résolurent de tâcher de quitter cet endroit funeste, et ils marchèrent pendant toute la journée du 16 en descendant le fleuve inconnu qu'ils prenaient pour le Mississipi et qui était la rivière Flambeau. Le 17, exténués de fatigue, ils arrivèrent sur les bords d'un lac qui leur barrait le chemin. Ils résolurent de construire un radeau à l'aide duquel ils gagneraient tant bien que mal le déversoir par où le fleuve quitte le lac. Mais, quoiqu'ils parvinssent à traverser cette immense pièce d'eau, ils ne purent découvrir cette embouchure; heureusement, ils entendirent le son de la clochette d'une vache, qui leur apprit qu'ils étaient parvenus dans un pays civilisé.

Le 18 au soir, ils rencontraient deux trappeurs qui leur firent traverser la rivière et, à quatre heures du soir, cinq jours après leur départ de Chicago, ils arrivaient dans l'auberge de la station Flambeau.

Leur première pensée fut de revenir sur leurs pas pour sauver leur ballon. Mais, quoiqu'ils eussent pris avec eux dix hommes, il leur fut impossible de le charger sur une barque, même après l'avoir coupé en deux morceaux. Ils se décidèrent donc à le laisser dans ces bois jusqu'à l'époque où la gelée permettrait de l'aller chercher en traîneau. Ils revinrent à Chicago, où on les croyait morts, le 22 octobre, après avoir accompli l'ascension la plus accidentée et la plus longue qui ait été exécutée jusqu'à ce jour.

Deux ans plus tard, en 1883, eut lieu la seconde traversée de la Manche, de France en Angleterre, par le colonel Burnaby, qui, parti de Douvres, atterrit, après six heures de voyage dans les hautes régions atmosphériques, non loin de Dieppe. Depuis Blanchard, en 1785, ce voyage n'avait pas été renouvelé, c'est-à-dire depuis près de cent ans.

Peu après, M. Claude de Crespigny voulut tenter aussi la traversée de la Manche dans le ballon *le Colonel*. Le lâcher eut lieu un samedi à Madon, comté de Sussex, par un vent de nord-ouest assez violent. En s'enlevant, l'aérostat fit un mouvement trop précipité, pendant lequel M. de Crespigny perdit l'équilibre, tomba sur le sol et se cassa la jambe. Le ballon, délesté du poids d'un voyageur, s'éleva avec une grande rapidité, n'emportant que Simmons, son domestique.

Parti à une heure, il arrivait avant deux heures en vue de Calais et passait au-dessus d'Arras vers trois heures et demie.

M. Simmons ne savait où il était ; se voyant près d'une ville importante, il voulut descendre et ouvrit la soupape.

Toutefois, la violence du vent aidant, la descente s'effectua avec un peu trop de vitesse ; l'aéronaute, arrivé au-dessus de la Petite-Place, était à peine à 100 mètres de terre, et le ballon se dirigeait droit sur le beffroi...

Comprenant l'imminence du danger, M. Simmons ferma la soupape et remonta quelque peu, pour redescendre après avoir dépassé la porte Saint-Michel. En cet endroit, il jeta l'ancre qui ne mordit pas ; le ballon, penché par le vent traîna la nacelle à travers les champs de blé et de betteraves, à partir de Saint-Sauveur jusqu'à Tilloy-les-Mofflaines. Là, un gardeur de bestiaux se suspendit à l'ancre et, aidé de quelques personnes qui étaient accourues, parvint à faire atterrir la nacelle.

La nacelle s'abattit bien, ce qui permit à M. Simmons de mettre pied à terre avec facilité ; mais, pendant le laps de temps qu'il a été traîné, un obstacle contre lequel il alla se heurter lui fit des contusions au bras et à la hanche.

M. Simmons était très ému et tout transi de froid. Pendant sa longue traversée, une pluie glaciale n'avait cessé de tomber sur le voyageur, qui dut faire appel à toute son énergie pour conserver la présence d'esprit si nécessaire dans sa périlleuse situation.

Une troisième tentative de traversée de la Manche se termina encore par une catastrophe.

Le capitaine Templer, le colonel Gardner t M. Powell, député de Malmesbury, partaient ede Bath, le 10 décembre, à midi, dans l'aérostat *le Saladin*, de 1,200 mètres cubes, construit en soie de Lyon jaune et rose ; le filet était également en soie. Le *Saladin* avait coûté 25,000 francs à M. Powell, il pesait 166 kil.500, et emportait, en plus des voyageurs et des instruments, 225 kilogrammes de lest. M. Powell avait même fait construire un gazomètre spécial pour le gonfler au gaz hydrogène.

L'expédition avait été organisée sous les
auspices de la Société météorologique de la
Grande-Bretagne, qui désirait faire des observations météorologiques.

A 1,200 mètres, les voyageurs rencontrè-
rent des nuages de neige, la température était
à 2° au-dessous de zéro; à 1,400 mètres, le
temps devient très clair, l'aérostat est poussé
par un courant N. 1/2 O. A 2,000 mètres, une
bande de cirrus est aperçue ; ils redescendi-
rent à 900 mètres, ils constatèrent qu'ils mar-
chaient à raison de 45 kilomètres à l'heure ;
après avoir traversé le Somerset à Exeter, ils
continuèrent leur course jusque près de Eype,
à environ un mille à l'est de Bridport (Dor-
setshire), à un demi-mille de la mer. Enten-
dant alors le mugissement des vagues, ils ten-
tèrent d'atterrir, il était environ cinq heures ;
la soupape fut ouverte en grand par le capitaine Templer, qui conduisait l'aérostat, le
ballon descendit avec une grande rapidité et
frappa le sol avec violence. M. Gardner et le
capitaine Templer furent jetés hors de la nacelle : le premier eut la jambe fracturée et le
dernier fut fortement contusionné ; la corde de

la soupape qu'il tenait entre les mains se rompit et M. Powell, resté seul dans la nacelle, remonta comme une flèche, emporté par le *Saladin* dans la direction du S. 1/4 E.

Le seul témoin de l'accident fut un constructeur de canots à Eype, M. David Dorsay, qui dit avoir vu le ballon passer par-dessus la montagne, venir tomber près du champ où il gardait ses vaches. La nacelle heurta fortement le sol, de laquelle deux messieurs roulèrent par terre ; puis le ballon s'éleva comme un ouragan, emportant dans sa nacelle une autre personne qui se tenait debout sans chapeau, et comme la nuit arrivait, le ballon disparut très vite au-dessus des nuages.

Un mois après, on crut trouver dans la sierra del Pedrosa, située en Galice (Espagne), au milieu de montagnes incultes et fort peu habitées, le corps de M. Powell et le ballon qui le portait, mais cette croyance ne reposait sur rien, et M. Powell est à jamais disparu.

Pour varier ce lugubre tableau, racontons une *ascension imprévue*, qui eut lieu vers le mois de janvier 1883, à la Villette. Nous copions ici ce que nous publiâmes à cette époque, dans un grand journal politique, au sujet de cette fugue inattendue.

Un singulier incident, tel qu'il n'y en a que peu d'exemples dans l'histoire de l'aérostation, s'est produit hier matin, à l'usine à gaz de la Villette.

Les aérostiers militaires de l'école de Meudon, sous la direction de MM. Duté-Poitevin et Krebs, venaient de procéder au gonflement d'un magnifique ballon en soie, de 8,500 mètres cubes, dans lequel MM. de Dion, Rembielenski, du Hauvel d'Audréville, conduits par M. Duté-Poitevin, devaient prendre place pour exécuter un voyage aérien de longue durée.

Le gonflement terminé, la nacelle munie de ses ancres, grappins, guides-ropes, de tous ses agrès, des instruments de physique et de météorologie, approvisionnée de vivres pour un long voyage et dans laquelle les voyageurs avaient déposé jusqu'à leurs pardessus, fut arrimée garnie de son lest, et le ballon se redressa.

Pour plus de sûreté, pendant les derniers préparatifs de départ, il fut amarré, par trente-six cordes de pattes d'oie fixées aux mailles du filet, à de solides piquets fichés en terre.

Quelques minutes avant que les voyageurs prissent place dans leur confortable wagon d'osier, les soldats manœuvriers s'étant retirés en dehors du cercle des piquets, un sinistre craquement se fit entendre. Sous l'effort de traction exercé par le ballon poussé par la brise sur les cordes de pattes d'oie, celles-ci, construites en coton tressé, venaient de se rompre, et l'aérostat délivré s'élevait doucement.

Sur le moment, la surprise et la stupeur furent générales ; une partie du public crut à un départ simulé, tandis que les personnes plus rapprochées virent la nacelle vide de ses occupants.

Aucune corde n'ayant été laissée *traînante* pour ramener le ballon à terre en cas d'accident au départ, sitôt que la nacelle fut à 2 mètres du sol, il devint impossible de la rattraper.

Toute cette scène avait duré à peine quelques secondes : sitôt qu'il eut rompu ses amarres, l'aérostat s'éleva en s'inclinant vers l'estnord-est et se perdit en quelques minutes dans la couche nuageuse qui est restée abaissée sur Paris, comme un couvercle vaporeux, pendant toute la journée.

Le ballon fut retrouvé, le lendemain, à Saint-Vrain en Brie, à 20 kilomètres de Paris. Mais ce ne fut pas un bon point pour les aérostiers militaires.

Le dimanche suivant, l'*Horizon* s'enleva enfin sans encombre et put accomplir un voyage de 1,000 kilomètres environ. Il descendit dans un ravin à Aarau, en Suisse, et il fallut une escouade de soixante hommes pour le retirer du mauvais pas où il se trouvait engagé!

VIII

LE MARTYROLOGE AÉROSTATIQUE.

A l'heure actuelle, la question aérostatique est réellement à l'ordre du jour et, chaque année, le nombre des ascensions et des voya-

geurs s accroît dans une notable proportion.
La plupart des voyages s'opèrent sans difficultés et sans accidents; mais, malheureusement, il faut que l'homme paye de temps en
temps le tribut funèbre des progrès qu'il fait
dans la connaissance de l'air. Ces victimes de
l'amour de la science composent le long martyrologe aérostatique.

Un assez grand nombre d'accidents, causés
le plus souvent par des imprudences, ont coûté
la vie à des aéronautes qui n'avaient d'autre
but à leurs exercices périlleux que de gagner
leur pain quotidien : fin d'autant plus lamen-
table. Dans beaucoup de cas aussi, les exigen-
ces insensées d'une foule stupide, ayant pour
complice l'amour-propre excessif de l'expéri-
mentateur lui-même, ont causé de plus ou
moins terribles catastrophes.

C'est ainsi qu'en 1845 l'aéronaute français
Arban exécutait à Trieste une des plus péril-
leuses ascensions qu'on eût jamais vues.
C'était le 8 septembre; un accident arrivé aux
tuyaux à gaz retardant le gonflement de l'aérostat, la foule, après avoir usé largement de
l'ironie et de l'injure, devient furieuse et, rom-

pant les barrières, va faire un mauvais parti à l'aéronaute.

Sous cette menace, celui-ci essaye de fixer la nacelle à l'aérostat à demi gonflé, qui refuse d'enlever ce faible poids ; Arban abandonne donc la nacelle, se cramponne au cercle qui entoure l'orifice de l'appareil et, assis sur une corde mal assujétie, sans ancre, sans guide-rope, sans rien que cette corde peu sûre, il s'élève dans les airs en saluant de la main cette foule qui, toujours inconséquente, répond à ses saluts par des acclamations enthousiastes. Mais un courant supérieur saisit le frêle équipage, dont le pilote est incapable de guider soit l'ascension, soit la descente, et le pousse vers l'Adriatique ! On le suit longtemps avec des lunettes ; on fait mieux cependant : car on lance des barques à sa poursuite, tandis que la foule qui beuglait tout à l'heure après lui, muette de stupeur, présente la plus étrange collection de figures contrites de gens pris d'un tardif remords. La femme d'Arban passe la nuit entière à l'extrémité de la jetée, l'œil fixé sur l'horizon brumeux dans lequel le ballon a disparu...

7

Cependant, après avoir plané au-dessus des vagues pendant deux heures, Arban, toujours cramponné à sa corde, était tombé à la mer; jusqu'à onze heures, ballotté de vague en vague à la suite de l'aérostat, qu'un reste de gaz force d'obéir à l'action du vent, l'aéronaute épuisé, à demi asphyxié, n'a plus à songer qu'à la mort, lorsqu'une barque surgit des ténèbres à peu de distance; elle est montée par deux braves pêcheurs triestins, le père et le fils, qui n'ont pas cessé de le suivre depuis qu'on l'a vu prendre la direction de la mer. Arban est sauvé, pour cette fois. Mais, quelques années après, à Barcelone, un courant aérien l'ayant, en pareille circonstance, poussé vers la Méditerranée, on ne le revit plus jamais.

C'est encore l'impatience inconsidérée de la foule qui fut cause du naufrage mémorable de l'aéronaute Duruof et de sa femme dans la mer du Nord.

L'ascension eut lieu le 31 août 1874, à Calais, par un vent violent soufflant dans la direction de la mer. Quelques personnes sensées cherchent à empêcher une expérience si périlleuse; mais la foule proteste, elle veut son

spectacle, et le *Tricolore* s'élance dans les airs,
emportant avec l'aéronaute sa jeune femme,
qui n'a pas voulu le quitter, de peur de ne
point le revoir. Comme il était prévu, l'aérostat
se dirige immédiatement vers la mer, au-
dessus de laquelle, et à une faible hauteur de
sa surface, il passe toute la nuit.

A l'aube, Duruof aperçoit quelques navires;
il veut rapprocher son appareil de la surface,
afin de rendre les secours possibles; mais la
nacelle plonge au milieu des flots tumultueux,
car le vent est toujours de la partie, et non
seulement le *Tricolore* court vingt fois le risque
imminent d'être englouti, mais aussi la cha-
loupe que de braves marins écossais ont en-
voyée à son secours.

Enfin, après une lutte longue et terrible,
sauveteurs et naufragés sont hors de danger, à
bord du caboteur auquel appartenait la cha-
loupe, conduite d'ailleurs par le capitaine lui-
même, aidé de son second.

Au mois de juillet 1879, l'aéronaute Petit
préparait sa quatrième ascension au Mans, à
l'occasion de l'exposition qui s'y tenait. Son
ballon l'*Exposition*, de belle apparence, mais

très fragile, était gonflé et le petit ballon l'*Annexe*, du cube de 170 mètres, dans la nacelle duquel son fils devait prendre place, était dressé sur ses amarres. Petit délia le manchon de l'aérostat de son fils, puis, sans songer à faire la même opération à l'appendice du sien, il sauta dans sa nacelle où était déjà sa femme.

Les aéronautes, pleins de sécurité, saluent la foule. Les deux ballons, réunis ensemble par une longue corde, arrivent à 600 mètres.

Tout à coup, un bruit strident de soie qu'on arrache se fait entendre; par suite de la diminution de pression de l'air, le gros ballon s'est fendu du haut en bas.

— Va seul maintenant, crie Petit à son fils, en lâchant la corde qui le retient; puis, étreignant sa femme entre ses bras, il murmure:

— Nous sommes perdus!

— Le ballon a fait un moment parachute; mais, pris dans les mailles du filet, il tourbillonne. La chute se précipite, vertigineuse, effroyable; le vent souffle aux oreilles de l'aéronaute et de sa femme...

La nacelle a touché; elle se broie sur un mur qu'elle démolit. Les spectateurs de cette

horrible chute accourent : on ramasse M. Petit
qui a deux os du bassin brisés et qui, malgré
les douleurs cruelles qu'il ressent, demande :

— Mon fils... Armand... ma femme ?...

Par un miracle, Mme Petit était saine et
sauve ; le jeune Petit, âgé de treize ans, sitôt
qu'il avait vu la chute de ses parents, était descendu aux portes de la ville. Il accourut pour
recevoir le dernier soupir de son père.

Le 31 octobre, un second accident mettait
Paris en émoi.

A la fête de Courbevoie, M. Gratien procédait au gonflement de sa montgolfière de 2,500
mètres, *la Vidouvillaise*. Au dernier moment,
et sur les instances réitérées d'un pauvre sal-
timbanque nommé Navarre, la nacelle fut sup-
primée et remplacée par un trapèze sur lequel
le gymnasiarque se proposait de faire ses tours
ordinaires d'acrobatie.

Le signal est donné ; la montgolfière s'élève.
Suspendu d'une main au trapèze, Navarre envoie des baisers à la foule qui l'applaudit, puis
il se cramponne des deux mains à la barre de
fer et s'abandonne à la force aveugle qui l'emporte à 600 mètres.

Bientôt vaincu par la fatigue, il sent ses mains se détacher peu à peu, il raidit une dernière fois ses muscles, puis, à bout de forces, il lâche...

Un cri d'horreur s'échappe de la foule à la vue du gymnasiarque, horizontal dans l'espace, et qui tombe, tandis que la montgolfière s'enfuit dans l'infini.

Le corps du malheureux Navarre fut ramassé broyé dans un terrain de l'avenue du Roule. Quant à la montgolfière, elle tomba un quart d'heure après sur une maison de la place Saint-Michel, à Paris.

A peu près à la même époque, à Melbourne en Australie, L'Estrange faisait une ascension en présence de milliers de spectateurs avec le ballon *Aurora*. Le départ s'effectua sans accident et le ballon s'éleva rapidement à deux milles de hauteur ; mais, à cette altitude, il s'affaissa subitement, le gaz s'échappant par une fissure de côté. Heureusement, l'étoffe fit parachute, et, au lieu de descendre comme une pierre, l'aérostat se mit à décrire des zigzags qui diminuèrent l'effrayante rapidité de la descente, si bien que le ballon vint donner contre

un arbre dans le domaine du gouverneur, ce
qui amortit encore la chute et permit à L'Estrange de toucher terre à demi évanoui, mais
vivant.

Il serait difficile de peindre l'émotion des
spectateurs à la vue de cette masse tombant
d'une semblable hauteur. Les femmes jetaient
les hauts cris; quelques-unes perdirent connaissance; d'autres furent prises d'attaques de
nerfs, et d'autres, tombant à genoux, priaient
pour le malheureux qui semblait voué à une
mort certaine. Les hommes se précipitèrent
par centaines vers le domaine du gouverneur,
où ils croyaient trouver un cadavre meurtri et
défiguré, et où, à leur grand étonnement, ils
aperçurent L'Estrange debout, courbaturé,
mais intact. On ne pouvait y croire. Le ballon
était vieux et L'Estrange y avait fait le matin
quelques reprises; mais la cause directe de
l'accident est l'inexpérience de l'aéronaute,
qui négligea les précautions nécessaires. L'Estrange fut meurtri et endolori, et eut le bras
droit foulé; mais il parlait déjà de recommencer son ascension, s'il pouvait réparer l'*Aurora*
ou la remplacer par un autre ballon.

Le 14 juillet 1882, une double ascension
avait lieu à Paris à la place Wagram, où devaient se faire les essais de téléphonie aérienne, à l'aide de deux ballons à peu près du
même cubage de 600 à 700 mètres; le premier,
avec M. Dartois accompagné de M. Normand,
partait à quatre heures dix minutes et venait
tomber, à six heures, à Crespy-en-Valois.

Le deuxième, le *Montgolfier*, partait à quatre
heures quinze minutes, monté par MM. Perron
et Cottin, président et secrétaire de l'Académie
d'aérostation météorologique. Ce ballon qui,
par une faute grave, avait été mis dans un
filet plus petit que son volume, fut au moment
du départ précipité par un coup de vent sur
une maison faisant l'angle du boulevard
Pereire. M. Perron dut jeter alors deux sacs
de lest pour franchir cet obstacle, ce qui fit
monter le ballon d'un bond à 400 mètres; neuf
minutes après, à 650 mètres. La dilatation du
gaz ayant rempli complètement le ballon, celui-
ci se trouva trop à l'étroit dans son filet et
éclata. M. Cottin venait de prendre note que le
thermomètre était à 28° et le vent S.-E. 1/4. S.
A ce moment, un bruit sec se fit entendre; en

levant les yeux sur le ballon, ils aperçurent
que celui-ci était crevé dans sa partie supérieure.

M. Perron coupa immédiatement la corde de
l'appendice, ce qui fit remonter la partie inférieure en forme de parachute et atténua la
vitesse de la chute; puis il jeta les deux sacs de
lest qui restaient. Le ballon faisait des oscilla-
tions d'une amplitude de 30 à 40°. MM. Perron
et Cottin se crurent perdus, et, en lisant le
petit opuscule que ce dernier a publié à cette
occasion, on ressent comme lui les sensations
étranges qui ont dû à ce moment suprême les
agiter. Bien que la descente n'ait duré qu'une
seconde et demie, leur vie entière se déroula à
leur mémoire. Un choc formidable arrêta cette
descente vertigineuse, et les aéronautes se
trouvèrent suspendus à 3 mètres du sol, dans
une petite cour de 10 mètres carrés au plus. Le
ballon se trouvait de l'autre côté de la maison
située passage Chevalier, n° 20, à Saint-Ouen;
quelques minutes après, arrivaient les membres de l'académie d'aérostation météorologique, des amis, ainsi que le fils de M. Cottin,
qui, ayant assisté de Paris à la chute du ballon,

croyaient retrouver des cadavres. Ils trouvèrent les deux aéronautes en parfaite santé.

Le 2 janvier 1882, le martyrologe aérostatique s'augmentait encore d'une victime :
Félix Mayet, aéronaute français.

Il avait organisé, le 28 janvier 1881, à Ma-
drid, une ascension qui devait avoir lieu dans
les jardins du Buen-Retiro. Le gonflement, fa-
vorisé par une brise, s'effectua rapidement ;
aussi, à quatre heures, la montgolfière fut-elle
prête à partir. Le professeur Angel Yuste prit
place dans la nacelle et l'aérostat, délivré de
ses amarres, s'élevait lentement, aux applau-
dissements d'une foule considérable et enthousiaste, qui saluait de vivats l'intrépide Mayet
qui se livrait à ses exercices de trapèze au-dessous de la nacelle.

Sept minutes après, la montgolfière redes-
cendait au-dessus de la rue de la Madeleine ;
cette rue étant très étroite, les aéronautes
allaient certainement faire une chute terrible ;
mais Mayet, qui avait compris le danger, sauta
sur la toiture de la maison portant le n° 3, dès
que le ballon en fut à portée ; et une fois là,
s'arc-boutant contre la gouttière, il poussa

l'aérostat vers le milieu de la rue ; mais la gouttière, trop faible pour supporter le corps d'un homme, se rompit, et Mayet fut précipité sur la chaussée !...

Un grand nombre de personnes étaient accourues à la descente, parmi lesquelles le frère de Mayet et un nommé Arvelini ; ce fut ce dernier qui reçut dans ses bras le corps de Mayet ; le choc fut si violent qu'Arvelini, bien que doué d'une force herculéenne, en fut renversé.

On s'empressa de relever le blessé dont le sang s'échappait à flots par les oreilles et les narines, et on le transporta à l'hôpital. Les docteurs Carceles, Sabater et Rodriguez, qui lui prodiguèrent leurs soins, constatèrent la rupture des vaisseaux, ce qui détermina une hémorragie interne et une congestion cérébrale, et, malgré toutes les ressources de la science, à six heures il expirait, après avoir repris connaissance quelques instants.

D'autres fois, au lieu de finir tragiquement, l'ascension a un tout autre dénouement et, au lieu d'aller se briser sur le sol, les aéronautes vont se perdre en mer.

Cependant, à tous les points de vue, cette

terminaison de voyage est moins dangereuse qu'un traînage en pleine tempête.

Quand la ville où s'opère l'ascension est située à peu de distance des côtes et que l'aéronaute prévoit qu'il sera entraîné en mer, le cône-ancre fait partie du matériel.

Le *cône-ancre,* inventé par le célèbre aéronaute anglais, Green, est un simple sac conique en forte toile, dont l'ouverture est en haut. Ce sac est rattaché au ballon par une longue corde. Quand l'aéronaute veut s'arrêter en mer, il lance son sac, qui s'emplit d'eau. Par son poids et sa résistance prodigieuse sur les vagues, le cône-ancre maintient l'aérostat absolument immobile et captif. L'aéronaute veut-il remonter : au moyen d'une seconde corde attachée à la pointe inférieure du sac, il vide celui-ci de l'eau qu'il contient et il repart. Comme on le voit, c'est aussi simple qu'ingénieux, et, si tous les ballons du siége eussent été pourvus de cet appareil d'une incontestable utilité, nous n'aurions pas eu à déplorer la mort de Prince et de Lacaze, ces héroïques victimes du dévouement de la patrie.

Le 9 août 1880 le ballon n° 3 de l'Académie

d'aérostation se gonfle à Cherbourg. A trois heures, le sacramentel « Lâchez tout ! » retentit. Les deux aéronautes Gauthier et Perron saluent la foule, qui les applaudit. Ils ne sont bientôt plus qu'un point, perdu bien loin dans l'immensité, au-dessus de l'océan.

Les navires à vapeur, forçant de pression, sortent de la rade et courent au-devant de l'aérostat, qui semble s'abaisser. Dans leur nacelle, Perron et Gauthier sont tranquilles ; et, pendant que Gauthier surveille le ballon, le président dessine et fait ses observations. Là-bas, à l'horizon, comme une légère vapeur, une terre se dessine. Est-ce l'Angleterre? Non, c'est l'île de Wight. Pourtant ils en sont à 160 kilomètres !

Le ballon s'abaisse, le lest s'épuise, il faut songer à la descente. Les courageux pionniers de l'air revêtent leurs appareils Gosselin, préparent le cône-ancre et se laissent aller. Ils descendent. A 800 mètres, un courant les reprend et les ramène vers les côtes de France. Ils passent comme une flèche au-dessus des remorqueurs envoyés à leur poursuite et ils viennent descendre sur le môle, où la foule enthousiaste les reçoit. Ils avaient parcouru, aller et retour, près de 40 kilomètres.

Deux mois plus tard, Duruof est encore recueilli en mer avec son passager, à l'issue d'une ascension exécutée à Calais. Le cône-ancre, frottant sur les vagues, retient le *Tricolore* captif jusqu'à l'arrivée des remorqueurs qui le ramenèrent tout gonflé jusqu'au port.

IX

LA NAVIGATION AÉRIENNE.

Se diriger à son gré à travers les immenses plaines de l'air est un rêve que l'homme a toujours tenté de réaliser : souvenons-nous de Dédale, d'Icare, de la mythologie païenne, et de Simon le magicien, des premiers siècles du christianisme.

Avant que les ballons ne fussent inventés, bien des projets de navigation aérienne furent proposés et mis en avant ; nous citerons, parmi

ces essais informes encore, le bateau volant
de Barthélemy Lourenço, Portugais (1400) ; le
vaisseau de Lana, la tentative de Gusman
l'*Ovoador* en 1550, la voiture volante du cha-
noine Desforges d'Étampes, les ailes du mar-

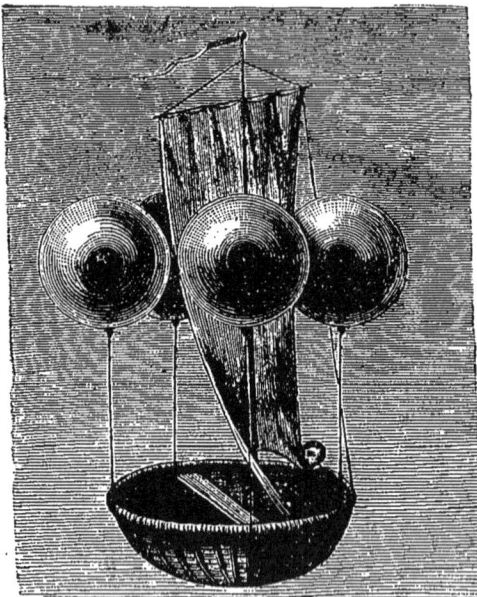

Ballon de Lana.

quis de Bacqueville et l'appareil du serrurier
Besnier.

Lorsque les montgolfières furent inventées,
on pensa immédiatement à utiliser les courants
aériens pour se transporter d'un endroit à un

autre ; lorsque le ballon à gaz fut créé, on y songea également ; mais il fallait pouvoir monter et descendre à volonté et aussi souvent qu'on le désirerait.

C'était facile avec la montgolfière, en forçant ou en diminuant le feu du fourneau ; mais, avec le ballon, il fallait sans cesse perdre du lest ou du gaz pour chercher les altitudes voulues. Un savant, qu'on a eu le tort d'oublier, Meusnier, imagina, pour supprimer ces pertes, de comprimer de l'air dans un petit ballonnet placé à l'intérieur de l'aérostat à gaz.

A la première expérience, voici ce qui se produisit :

Le ballon, de forme elliptique, partit du parc de Saint-Cloud monté par les frères Robert, ses constructeurs, et le duc de Chartres (plus tard Philippe-Égalité). Lorsqu'on voulut utiliser le ballonnet intérieur, les cordes qui le retenaient se brisèrent et l'appareil vint clore hermétiquement, dans sa chute, l'appendice inférieur de l'aérostat que la dilatation gonflait de plus en plus. Il était impossible aux voyageurs de se débarrasser du malencontreux engin ; l'aérostat était à 4,000 mètres de hau-

Le ballon partit de Saint-Cloud, monté par les frères Robert.
(P. 96.)

teur et l'étoffe menaçait de faire explosion,
quand le duc de Chartres sauva la situation en
crevant l'enveloppe avec la hampe d'un des
drapeaux qui ornaient la nacelle. Le dénouement tragique qu'avait failli avoir l'expérience
empêcha qu'on la recommençât jamais; aussi
ne fut-on pas fixé sur la valeur pratique et
réelle de l'invention de Meusnier.

Lorsque les ballons permirent à l'homme de
s'élever sans danger dans les nues, une multitude de projets enthousiastes surgirent du cer-
veau des inventeurs à cette époque. Devons-
nous parler des innombrables ballons à voiles,
à rames, à palettes, de Gerli-Miollan et Janinet,
Guyton de Morveau, Lunardi, etc. ?

Lorsque Montgolfier découvrit le principe
de l'aérostation, Blanchard s'occupait déjà du
vol aérien et il avait construit une machine
munie d'ailes au moyen de laquelle il s'élevait
le long d'un poteau. Un contrepoids de 20 livres l'aidait à se hisser; c'était donc un effort
utile de 68 kilogrammes au moins qu'il produisait; mais c'était encore insuffisant. En
effet, Blanchard ne put jamais se débarrasser
de son contrepoids, et, en désespoir de cause,

abandonnant le *plus lourd* que l'air pour le *plus léger*, il fit un ballon à rames qui ne fonctionna jamais, malgré ce qu'il en avait promis.

De 1815 à 1848, nous ne trouvons que quel-

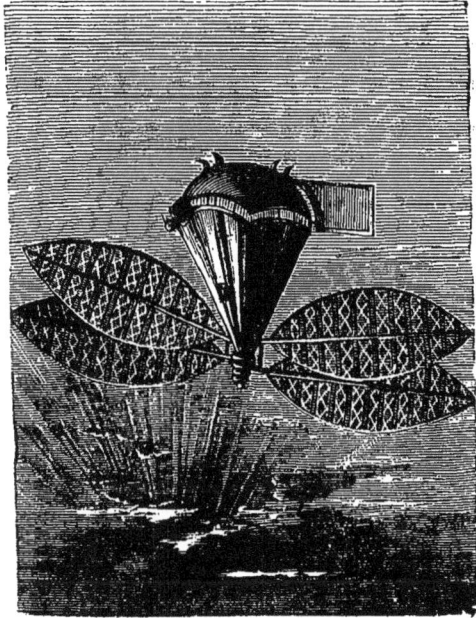

Vaisseau volant de Blanchard.

ques propositions isolées de direction aérienne; il semble que, découragés par la difficuté du problème, les chercheurs se reposent : avant le **gigantesque** projet de Pétin, aucun fait marquant ne vient interrompre cette sorte d'interrègne aéronautique. Parlerons-nous des projets plus que vagues des Deghen, Leturr, de Lennox, Le Berrier, etc. ?

Le système de navigation aérienne de Pétin, qui fut longtemps exposé aux Champs-Élysées, se composait de quatre aérostats sphériques soutenant une immense plate-forme, servant de navire et munie de plans inclinés, d'hélices, de roues, etc. Cet énorme engin n'ayant jamais pu être essayé en plein air, on ne put jamais connaître la véritable valeur de l'invention de Pétin.

Avec l'année 1852 nous arrivons à la magnifique expérience de M. Giffard, qui constitue la plus sérieuse tentative de direction des ballons que l'on ait jamais faite jusqu'à aujourd'hui.

Comme la plupart des aéronautes célèbres, M. Henri Giffard est né à Paris; il a fait ses études au collége Bourbon.

Attaché en qualité de dessinateur aux bureaux des chemins de fer de Saint-Germain et de Versailles, il aimait, quand son travail était fini, à monter sur les machines. Le siflet d'alarme était sa musique, et il se plaisait à sentir le rude contact du vent sur un train marchant à grande vitesse.

C'est quand il fut blasé de cette sensation qu'il sentit l'ambition de se mesurer avec les enfants d'Eole, dans le domaine dont la nature semble leur avoir donné l'empire exclusif.

On peut dire que c'est le premier inventeur de système de direction aérienne qui ait compris la difficulté du problème qu'il attaquait, et qui ait appliqué scientifiquement, dans ses appareils, tous les principes de la physique et de la haute mécanique avec lesquels ses études l'avaient familiarisé.

Il comprit que la fantaisie doit être sévèrement bannie des constructions aériennes ; que la forme de chaque agrès, le poids de l'enveloppe et sa résistance doivent être calculés aussi rigoureusement que s'il s'agissait d'une tôle destinée à la construction d'une chaudière de locomotive.

Avant d'exécuter ses expériences, M. Giffard, en véritable ingénieur, commença par se familiariser avec le milieu aérien et n'exécuta pas moins de dix ascensions à l'Hippodrome, les premières avec Eugène Godard. Quelque-

fois il partait seul, au grand déplaisir des prati-
ciens, qui lui jouèrent plus d'un tour. Un jour,
voulant ouvrir la soupape, il s'aperçoit que les
clapets ont été cloués. Heureusement le vent
était faible, et aucun accident n'eut lieu quand
le ballon, épuisé par les fuites, arriva à terre.

C'est le 24 septembre 1852, sous les yeux
d'un public nombreux, que M. Henri Giffard
s'enleva avec un ballon à vapeur qui avait 42
mètres de longueur, 12 mètres de diamètre et
2,500 mètres cubes de capacité. La machine,
avec son eau et son coke, pesait en outre 200
kilogrammes. Elle avait une force de trois
chevaux et faisait mouvoir, avec une vitesse
de 110 tours par minute, une hélice à trois
palettes de 3 mètres de diamètre.

Comme l'inventeur trouvait l'expérience
trop dangereuse pour risquer la vie d'un autre,
il tenait à être seul, circonstance qui lui per-
mettait d'emporter 250 kilogr. de coke et d'eau.
Quel magnifique spectacle ! Un homme assis,
avec un calme imperturbable, lutte contre un
vent si violent, qu'un steamer aurait fui devant
le temps. L'hélice tourne en produisant un son
grave, les toiles de l'aérostat se gonflent sous

l'effort. Les cordes d'équateur s'inclinent, et
l'aérostat vire de bord, chaque fois que l'aéronaute fait mouvoir son gouvernail !

La démonstration de l'existence du fameux
point d'appui a été obtenue d'une façon écla-
tante, au prix de grands périls affrontés avec
une témérité inconcevable, si l'on ne connais-
sait la puissance de l'enthousiasme qu'inspire
la science à ses véritables adeptes.

Mais M. Giffard n'étant pas revenu à son
point de départ, l'expérience est considérée
comme nulle.

Les corps savants ne s'en inquiètent point.
Aussi quand, dix-huit années plus tard, il
s'agit de diriger les ballons, dans un pressant
danger public, l'ingénieur chargé de cette
tâche si importante demande inutilement à une
chiourme aérienne ce que la machine à vapeur
de M. Henri Giffard aurait donné à la patrie.

Cette ascension mémorable se termina à
Trappes, où M. Giffard, pressé par l'obscurité,
se vit obligé d'atterrir.

En 1855, M. Giffard recommença sa mémorable expérience, avec un ballon encore plus
allongé et de 3,200 mètres cubes de capacité.

Il eut alors la satisfaction de voir au départ, qui eut lieu de l'usine à gaz de Courcelles, le ballon tenir tête au courant d'air, la machine étant chauffée à toute pression.

Ces belles tentatives redonnèrent un élan à la question délaissée depuis si longtemps, et c'est alors que surgirent de nouveaux systèmes de navigation aérienne : le ballon de cuivre de Dupuis-Delcourt, de Samson, de Comte de Van Hecke, de Jullien, de Hecke, etc., etc.

Avant de parler des autres tentatives de direction aérienne, disons quelques mots du grand ballon captif à vapeur de 1878, qui fut une des merveilles de l'Exposition universelle.

Ce fut au mois de mai 1878 que la population parisienne apprit qu'un nouveau ballon captif, plus gros que tous ses devanciers, occupait la cour du Carrousel.

La taille de ce géant était, il est vrai, raisonnable. Il avait 36 mètres de diamètre et 108 de tour. L'épaisseur de son enveloppe, formée de six couches superposées d'étoffe et de caoutchouc, était de 7 millimètres et le développement des lignes de couture était de 200 kilomètres.

Le câble servant à l'ascension et à la descente avait 600 mètres de longueur et s'enrou-
lait sur un treuil du poids de 45,000 kilogrammes, mis en mouvement par deux machines à
vapeur de 150 chevaux de force.

Dès que l'opération du gonflement, qui avait
duré deux jours et trois nuits, fut terminée et
que le captif eut reçu ses 25,000 francs de gaz;
aussitôt que les expériences sur la solidité du
matériel furent achevées, la foule envahit la
gracieuse nacelle du captif, et celui-ci commença la série de ses fructueuses ascensions.

M. Henri Giffard, son constructeur, dirigea
pendant les premiers jours la marche du globe
aérostatique; puis il remit à un simple ingénieur, M. Corot, le soin de la conduite des machines, afin de pouvoir se reposer de ses longs
travanx en regardant sa boule monstrueuse
monter et descendre sans interruption.

M. Giffard avait combiné seul tous les appareils qui couvraient la cour du Carrousel. Il
avait tracé les fuseaux du ballon, les mailles
du filet, le gabarit de la soupape. Lui seul avait
donné les plans du treuil, des machines, de la
nacelle et de l'appareil fournissant 1,000 mètres

cubes d'hydrogène pur à l'heure. Tout avait été prévu, calculé à l'avance, avec une sûreté et une précision merveilleuses.

Le captif de 1878 était le troisième construit par M. Giffard. Le premier, celui de 1867, cubait 5,000 mètres et montait à 300 mètres en emportant douze voyageurs. Celui de Londres (1869) était d'une capacité de 11,500 mètres et la longueur de son câble était de 600 mètres. Trente passagers prenaient place, à chaque ascension, dans sa nacelle. Enfin celui de 1878, le chef-d'œuvre de l'ingénieur, pouvait monter à 650 mètres en emportant cinquante personnes

Retournons à l'année 1863 et à l'autolocomotion aérienne.

Deux personnes, MM. de Ponton d'Amécourt et de La Landelle, ayant construit de petits appareils se composant d'une hélice mue par un simple ressort, prouvèrent que, pour rendre la navigation aérienne possible, il fallait radicalement rejeter les ballons offrant une trop grande prise au vent et utiliser l'hélice comme moyen mécanique d'ascension. Ils s'adjoignirent M. Nadar, et chacun se rappelle

le bruit que fit à ce moment le fameux mani-
feste du *plus lourd que l'air*.

Depuis cette année, qui restera justement
célèbre dans les fastes de la navigation aérienne, plusieurs projets de ballons dirigeables

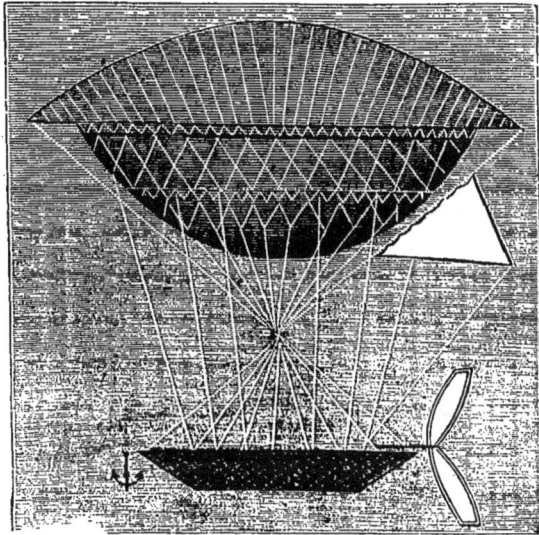

Ballon dirigeable de M. Dupuy-de-Lôme.

ont été encore proposés ; parmi les plus impor-
tants, nous citerons : le ballon allongé de
M. Dupuy-de-Lôme, ingénieur de la marine,
essayé à Alfort en 1874 ; le ballon de M. Ardisson, le nageur aérien Cayrol et l'aérostat électrique de M. Tissandier.

On sait que, dans la navigation fluviale et
maritime, la propulsion par roues à palettes
est préférable à la propulsion par l'hélice ; car
la vitesse obtenue avec les roues est plus
grande, à égalité de force motrice, que celle
qu'on obtient avec l'hélice. De plus, un bon
tiers de la force donnée à celle-ci est perdue
par l'inertie de l'eau, sa résistance au mouvement, en un mot, ce que l'on appelle le *recul*.

Un ancien officier de marine , amateur
d'aérostation, M. Annibal Ardisson, vient d'in-
venter un nouveau propulseur qui, applicable à
la navigation atmosphérique, serait de beaucoup préférable à l'hélice comme moyen de
progression.

Voici en quoi consiste l'invention de M. Ardisson :

C'est une roue à pales formées de larges sur-
faces, de fortes toiles tendues sur des sortes de
cadres rectangulaires. Ces palettes , très
légères, sont fixées d'une part sur l'arbre de
couche, d'autre part et pour éviter la disloca-
tion du système, sur un cercle en fer léger.

Cette roue est entourée d'un tambour également en toile tendue sur des cercles résistants,

et ce tambour, mobile sur son axe, laisse une ouverture en forme d'angle obtus de 135 degrés environ d'ouverture ; cette ouverture, ne prenant que les 3/8 d'air libre, donne le courant d'air le plus puissant à la force ou à la poussée, laissant les 5/8 d'opposition nuls.

C'est donc la force de réaction qui est mise à profit dans ce système ; la roue, tournant avec une grande rapidité dans son tambour, chasse l'air, et, par ce moyen, l'appareil est *repoussé* du côté opposé à l'ouverture du tambour.

Dans des expériences faites sur la force de propulsion de cette roue et de l'hélice, on a reconnu qu'avec la même force motrice la roue Ardisson était supérieure à celle-ci et que, faisant moins de tours à la minute que l'hélice, sa progression était de beaucoup plus rapide.

Les roues à pales de M. Ardisson sont mues, soit à force d'homme, soit par les machines à vapeur Dutemple, que l'inventeur préconise tout particulièrement à cause de leur faible poids par cheval-vapeur. A ce propos, il cite les machines Herreshoff, qui ne pèsent, dit-il, que 6 kilogrammes par force de cheval.

Le ballon dont se sert M. Ardisson est le ballon sphérique ordinaire. Les deux roues et tout le mécanisme sont fixés sur les côtés de la nacelle.

Plusieurs expériences, qui ont semblé donner raison à ce moyen de propulsion, ont été faites avec un petit modèle à Paris. Mais, malgré tout, nous croyons fermement qu'il est aussi difficile de diriger un ballon rond que de canoter dans un baquet.

On a également fait du bruit à propos du ballon dirigeable de M. Debayeux. Cependant l'idée n'est pas plus neuve que toutes les idées de direction des ballons proposées jusqu'ici.

L'aérostat de M. Debayeux a la forme d'un cylindre, terminé par une demi-sphère à chacune de ses extrémités. Un filet, entourant cet énorme boudin, soutient deux montants de fer, en forme d'échelle, aux échelons de laquelle est suspendue la nacelle.

Dans cette nacelle se trouve un générateur de vaqeur, relié par un long tube au mécanisme moteur placé à l'avant du ballon et dans son axe.

Cette machine à vapeur sert à faire tourner

une sorte de moulinet qui, — d'après l'inventeur, — sert à déranger le vent, à faire vide devant le ballon et à provoquer son avancement dans l'atmosphère.

Le système de M. Debayeux est basé sur la raréfaction de l'air dans l'air. La raréfaction du moulinet mis à l'avant du ballon atteint à peine un cinquième d'atmosphère, et cependant, avec une telle raréfaction, la vitesse de l'appareil Debayeux serait tellement rapide que le boulet de canon de Jules Verne deviendrait presque une réalité. Puisque nous savons qu'un ouragan qui fait 36 mètres à la seconde, ou 129 kilom. 600 mètres à l'heure, n'a que 0,017 d'atmosphère, ainsi le plus violent des ouragans connus, celui qui renverse les édifices, qui fait 45 mètres à la seconde, et 162 kilomètres à l'heure, est une machine soufflante à 27/100 d'atmosphère de pression.

Quand on souffle dans une sarbacane, le souffle est dix fois plus puissant que le plus impétueux des ouragans; l'ouragan est plus vaste, voilà tout; mais un aérostat ou une mouche n'en reçoit que proportionnellement à sa section.

L'expérience apprend que le moulinet agit de trois manières à la fois :

1° En produisant un vide partiel devant le ballon.

2° En aspirant l'air ou le vent, le moulinet projette cet air aspiré du centre à la circonférence, de sorte que le ballon est soustrait à la pression du vent.

3° L'air lancé dans le rayonnement forme bientôt une espèce de chemise à l'aérostat, enveloppe capable de former une barrière assez puissante contre les vents obliques.

La vitesse n'est donc plus qu'une question de moulinet.

Mais l'inventeur est loin d'avoir la prétention de voguer à grande vitesse, dès les premières expériences.

Il veut s'élever d'abord par un temps relativement calme, étudier la force de ses engins, et discerner ainsi ce qui ne serait que hardiesse de ce qui serait folie.

Pour descendre, deux moulinets, placés sous le ballon, permettent de conserver tout le gaz et de se maintenir à la même hauteur, ou à une altitude régulière.

9

Pour arrêter, un moulinet à l'arrière servira de frein.

Pour gouverner, deux petits moulinets seront placés en X, un de chaque côté, le même principe de raréfaction appliqué à toutes les manœuvres.

Tous ces moulinets sont mus par le même moteur, indépendants les uns des autres, ainsi que leur vitesse.

Et voilà à quelles aberrations en arrivent des gens imbus de faux principes mécaniques et qui prennent constamment leurs rêves pour des réalités !

Le *Boudin volant* fut construit aux frais d'une société financière, mais l'affaire tomba dans l'eau à un certain moment ; le ballon ne fut même pas essayé, et aujourd'hui, l'inventeur est plus misérable que jamais.

Le « nageur aérien » de M. Cayrol-Castagnat est aussi étrange que le ballon dirigeable de M. Debayeux. Sous le ballon ovale l'*Avenir*, muni intérieurement de perches pour plus de solidité, et pour soutenir le gouvernail, est attaché l'aéronaute. Suspendu par la ceinture, ses mouvements sont donc libres. Aussi, armé

L'Aérostat à hélice de MM. Tissandier frères.
Premier ballon électrique. (P. 113.)

d'ailes gigantesques, il en frappe l'air et avance
« comme le poisson dans l'eau. »

Quoique le ballon l'*Avenir* soit construit et
gréé, son inventeur ne s'est pas encore confié
à la solidité de sa ceinture, et il cherche toujours une personne de bonne volonté pour
jouer le rôle légèrement dangereux du « nageur aérien. »

Avis aux amateurs de natation aérienne.

Tout le monde a vu également, à l'Exposition d'électricité ds 1881, le ballon électrique
de M. Tissandier. Croyant la vapeur peu pratique pour la navigation aérienne, le savant
chimiste a adopté la pile électrique au bichromate de potasse et un moteur Siemens comme
appareil moteur de son aérostat.

Ce petit modèle fonctionnant assez bien sous
la poussée de son hélice, MM. Tissandier cons-
truisirent à leurs frais un aérostat en forme
d'œuf, de 1,000 mètres cubes de capacité, mû
par une hélice à deux ailes, laquelle était
actionnée par une pile au bichromate de potasse
de vingt-huit éléments et une machine dynamo-
électrique de Siemens. Ils firent trois ascensions avec leur appareil; mais ils ne purent

arriver à se diriger complètement, leur moteur
étant encore trop faible. Ils n'en ont pas
moins le mérite d'avoir réellement construit le
premier ballon électrique.

Sans nous arrêter aux projets plus ou moins
fantaisistes de Groof, l'homme volant, de Bris-
son, de Mangin, d'Ardisson, et mille inconnus,
arrivons à l'expérience du 9 août 1884.

« Le 9 août dernier, un ballon partait des
ateliers d'aérostation de Meudon, monté par
deux officiers français. Le temps était calme ;
le ballon, de forme elliptique, était muni d'un
moteur électrique, d'une hélice et d'un gouvernail. La disposition spéciale de cet appareil
directeur doit naturellement, pour un motif
que tout le monde admettra, être tenue secrète.
Tout ce que l'on peut dire, c'est que le ballon
est en taffetas gommé très résistant et recou-
vert d'un filet qui supporte la nacelle et l'appareil propulseur. Celui-ci est composé d'une
série d'accumulateurs perfectionnés, qui four-
nissent à un moteur assez de fluide électrique
pour produire sur une hélice une force de dix
chevaux. Ce ballon s'est élevé à 50 mètres de
hauteur environ ; le capitaine Krebs manœu-

LES BALLONS.

Atelier d'aérostation de MM. Renard et Kreebs, à Meudon.
(P. 114.)

vrait le gouvernail, et le capitaine Renard
maintenait la permanence de la hauteur. Une
fois l'hélice animée d'un mouvement de rota-
tion, l'aérostat se dirigea, comme nous l'avons
dit, vers l'ermitage de Villebon ; il convient
d'ajouter que ce point avait été désigné d'a-
vance. La brise, à ce moment, soufflait de l'est
avec une vitesse de 5 mètres par seconde, et le
ballon a marché contre le vent. Arrivé au-
dessus de l'ermitage de Villebon, l'officier qui
tenait le gouvernail agita un drapeau : c'était
le signal du retour. On était arrivé à l'endroit
désigné, et il s'agissait de revenir au point de
départ. On vit alors l'aérostat virer de bord,
en décrivant majestueusement un demi-cercle
de 300 mètres de rayon environ, et il se dirigea
vers Meudon. Arrivé près de la pelouse où le
départ avait eu lieu, le ballon s'abaissa graduel-
lement, obliqua, fit machine en arrière, machine en avant, et, finalement, atterrit à l'endroit voulu.

« Le 9 août, dit en terminant M. Hervé-Man-
gon, est désormais une date mémorable, et la
gloire de cette journée revient à deux officiers
français dont l'armée doit être justement
fière. »

A peine l'expérience du capitaine Renard
était-elle signalée au monde savant, que de
tous côtés surgissaient des inventeurs ayant
également réussi. C'est ainsi que la *Gazette de
Cologne* annonçait, dès le 30 août, qu'un certain Dr Woelfert venait de faire, à Kiel, deux
expériences consécutives, et couronnées de
succès, avec un ballon dirigeable de son invention. La feuille allemande ajoutait : « Ce ballon, comme celui du capitaine Renard, a la
forme d'un cigare ; il cube 500 mètres et peut
porter une charge de 350 à 800 kilogrammes,
selon qu'il est gonflé à l'aide de gaz à éclairage
ou à l'aide de gaz hydrogène pur. Dans chacun
des deux voyages qu'il a faits, et dont l'un a
duré deux heures et demie, le docteur Woelfert est parvenu à naviguer contre le vent.
L'inventeur a commandé un moteur de la force
de cinq chevaux à l'usine Schwarz-Kopff, à
Berlin. M. Woelfert est en pourparlers avec le
chef de l'amirauté, pour obtenir la création
d'ateliers d'aérostation à Kiel. »

Nous nous trouvons donc maintenant en face
de quatre solutions distinctes de la navigation
aérienne :

1. La direction des ballons au moyen de l'hélice, des roues à palettes, plans inclinés, mus par la force de l'homme ou d'un moteur quelconque.

2. Le « plus lourd que l'air », ou la navigation aérienne au moyen de l'hélice, sans ballon.

3. La navigation au moyen des courants atmosphériques.

4. Le vol aérien au moyen d'ailes ou d'appareils quelconques.

Ainsi que nous l'avons vu, les courants atmosphériques doivent être d'abord éliminés ; leur inconstance et leur variabilité sont si grandes qu'il n'y a pas à faire de fond sur eux.

Pour la direction des ballons, il est évident que, tant qu'un aérostat ne sera pas absolument imperméable et solide comme un roc, il sera inutile d'essayer de vaincre le vent avec, sans l'écraser dans sa fragile enveloppe.

Quant au « plus lourd que l'air », il ne deviendra pratique que lorsqu'un moteur léger, puissant et n'usant ni eau ni charbon sera découvert. On s'est beaucoup occupé des propulseurs, non des moteurs, et c'est un tort. Sera-

ce l'électricité qui nous donnera cette force
rêvée?... *That is the question !*

Résumons en peu de mots cette étude.

D'après la statistique des voyages aériens,
le goût de la science aérostatique se répand
chaque jour davantage dans les masses. Les
émotions et les joies que ressentent ceux qui se
sont risqués une fois à mettre le pied dans une
nacelle les payent grandement de leurs peines,
et qui a fait une ascension attend avec impatience le moment d'en faire une seconde.

D'un autre côté, les observations faites
au moyen de l'aérostat sont de jour en jour
plus complètes; le ballon devient indispensable
pour l'art militaire, pour l'étude de l'atmosphère et de la météorologie; d'ardents nova-
teurs, de courageux chercheurs multiplient
leurs travaux sur la question de la direction de
ce même aérostat, et même avec un succès
relatif.

Pour nous, la clef du grand problème de la
navigation aérienne — qui ne tient qu'à un
point pour être résolu : force motrice puissante et légère — est bien près d'être trouvée.

Mais ne soulevons pas le voile qui nous

cache cet avenir resplendissant. Chaque chose
vient à son heure, et espérons que le siècle qui
s'intitule « le siècle de la vapeur et de l'électricité » pourra aussi s'appeler « le siècle de la
navigation aérienne ! »

Dans l'aérostat qui passe, saluons le flambeau de la science et du progrès, l'aurore de
l'ère de la conquête du ciel !

FIN.

TABLE

———

FIN DE LA TABLE

LIMOGES. — Imp. E. Ardant et C⁰.

PROMENADES

A TRAVERS

LA CHINE

EXPLOITS DE BABYLAS TRICHON

Par EUGÈNE PARÈS.

LIMOGES

EUGÈNE ARDANT ET Cⁱᵉ, ÉDITEURS.

www.ingramcontent.com/pod-product-compliance
Lightning Source LLC
Chambersburg PA
CBHW071913200326
41519CB00016B/4589